建筑工人职业技能培训教材

建筑工程系列

混凝土工

（第二版）

《建筑工人职业技能培训教材》编委会 编

中国建材工业出版社

图书在版编目(CIP)数据

混凝土工 /《建筑工人职业技能培训教材》编委会
编．—2版．-- 北京：中国建材工业出版社，2023.12
建筑工人职业技能培训教材
ISBN 978-7-5160-3976-2

Ⅰ．①混… Ⅱ．①建… Ⅲ．①建筑工程－技术培训－教材 Ⅳ．① TU755

中国国家版本馆 CIP 数据核字（2023）第 229197 号

混凝土工（第二版）
HUNNINGTU GONG (DI-ER BAN)
《建筑工人职业技能培训教材》编委会 编

出版发行：中国建材工业出版社
地　　址：北京市海淀区三里河路 11 号
邮政编码：100831
经　　销：全国各地新华书店
印　　刷：北京雁林吉兆印刷有限公司
开　　本：850mm×1168mm 1/32
印　　张：6.75
字　　数：150 千字
版　　次：2023 年 12 月第 2 版
印　　次：2023 年 12 月第 1 次
定　　价：26.00 元

本社网址：www.jccbs.com，微信公众号：zgjcgycbs

《建筑工人职业技能培训教材》

编 审 委 员 会

主编单位: 中国工程建设标准化协会建筑施工专业委员会

黑龙江省建设教育协会

新疆建设教育协会

参编单位: “金鲁班”应用平台

《建筑工人》杂志社

重庆市职工职业培训学校

北京万方建知教育科技有限公司

主　　审: 吴松勤　葛恒岳

编写委员: 胡茂泉　刘鹏华　高建辉　王洪洋　谷明旵

王　锋　郑立波　刘福利　丛培源　肖明武

欧应辉　黄财杰　孟东辉　曾　方　腾　虎

杜　娟　梁泰臣　崔　铮　刘兴宇　康利华

前　言

《中华人民共和国就业促进法》、国务院《关于加快发展现代职业教育的决定》〔国发(2014)19 号〕、住房城乡建设部《关于印发建筑业农民工技能培训示范工程实施意见的通知》〔建人(2008)109 号〕、住房城乡建设部《关于加强建筑工人职业培训工作的指导意见》〔建人(2015)43 号〕、住房城乡建设部办公厅《关于建筑工人职业培训合格证有关事项的通知》〔建办人(2015)34 号〕等相关文件,对全面提高工人职业操作技能水平,以保证工程质量和安全生产做出了明确的要求。

根据住房城乡建设部就加强建筑工人职业培训工作做出的"实现全行业建筑工人全员培训、持证上岗"具体规定,为更好地贯彻落实国家及行业主管部门相关文件精神和要求,全面做好建筑工人职业技能教育培训,由中国工程建设标准化协会建筑施工专业委员会、黑龙江省建设教育协会、新疆建设教育协会会同相关施工企业、培训单位等,组织了由建设行业专家学者、培训讲师、一线工程技术人员及具有丰富施工操作经验的工人和技师等组成的编审委员会,编写这套《建筑工人职业技能培训教材》。

本套丛书主要依据住房城乡建设部、人力资源和社会保障部发布的《职业技能岗位鉴定规范》《中华人民共和国职业分类大典(2022 年版)》《建筑工程施工职业技能标准》《建筑装饰装修职业技能标准》《建筑工程安装职业技能标准》等标准要求,以实现全面提高建设领域职工队伍整体素质,加快培养具有熟练操作技能的技术工人,尤其是加快提高建筑业农民工职业技能水平,保证建筑工程质量和安全,促进广大农民工就业为目标,重点抓住建筑工人现场施工操作技能和安全为核心进行编制,"量身订制"打造了一套适合不同文化层次的技术工人和读者需要的技能培训教材。

本套教材系统、全面地介绍了各工种相关专业基础知识、操作技能、安全知识等,同时涵盖了先进、成熟、实用的建筑工程施工技术,还包括了现代新材料、新技术、新工艺和环境、职业健康安全、节能环保等方面的知识,力求做到了技术内容最新、最实用,文字通俗易懂,语言生动简洁,辅以大量直观的图表，非常适合不同层次水平、不同年龄的建筑工人职业技能培训和实际施工操作应用。

丛书共包括了“建筑工程”“装饰装修工程”“安装工程”3大系列以及《建筑工人现场施工安全读本》，共25个分册：

一、“建筑工程”系列，包括8个分册，分别是：《砌筑工》《钢筋工》《架子工》《混凝土工》《模板工》《防水工》《木工》和《测量放线工》。

二、“装饰装修工程”系列，包括8个分册，分别是：《抹灰工》《油漆工》《镶贴工》《涂裱工》《装饰装修木工》《幕墙安装工》《幕墙制作工》和《金属工》。

三、“安装工程”系列，包括8个分册，分别是：《通风工》《安装起重工》《安装钳工》《电气设备安装调试工》《管道工》《建筑电工》《中小型建筑机械操作工》和《电焊工》。

本书根据“混凝土工”工种职业操作技能，结合在建筑工程中实际的应用，针对建筑工程施工材料、机具、施工工艺、质量要求、安全操作技术等做了具体、详细的阐述。本书内容包括钢筋混凝土结构简介、混凝土、混凝土施工机具、混凝土的组成材料、混凝土浇筑施工、混凝土泵送施工、混凝土施工缝、大体积混凝土施工、清水混凝土工程施工、混凝土冬雨期施工、混凝土施工缺陷处理、预制构件施工、预应力混凝土施工，混凝土工岗位安全常识、相关法律法规及务工常识。

本书对于加强建筑工人培训工作，全面提升建筑工人操作技能水平和职业安全水平具有很好的应用价值，对保证建筑工程施工质量，促进建筑安装工程施工新技术、新工艺、新材料的推广与应用也有很好的推动作用。

由于时间限制以及编者水平有限，本书难免有疏漏之处，欢迎广大读者批评指正，以便本丛书再版时修订。

编　者

2023年10月

目录 CONTENTS

第1部分　混凝土工岗位基础知识 …… 1

一、钢筋混凝土结构简介 …… 1

1.钢筋混凝土结构特点 …… 1

2.钢筋混凝土结构分类 …… 2

二、混凝土 …… 6

1.混凝土的组成 …… 6

2. 混凝土的分类 …… 7

3.混凝土的性能 …… 9

4.混凝土试块的留置 …… 12

5.商品混凝土 …… 14

三、混凝土施工机具 …… 16

1.运输机具 …… 16

2.混凝土泵送机具 …… 21

3.混凝土搅拌机具 …… 27

4.混凝土振捣机具 …… 31

四、混凝土的组成材料 …… 38

1.水泥 …… 38

2.骨料 …… 40

3.混凝土用水 …… 42

4.混凝土外加剂 …… 43

5.掺和料 …… 50

第2部分　混凝土工岗位操作技能 ………………………… 54
一、混凝土浇筑施工……………………………………………… 54
1.混凝土浇筑施工准备 …………………………………… 54
2.混凝土搅拌 ……………………………………………… 57
3.混凝土运输 ……………………………………………… 59
4.独立基础的混凝土浇筑 ………………………………… 60
5.条形基础的混凝土浇筑………………………………… 63
6.混凝土柱的浇筑 ………………………………………… 65
7.混凝土墙的浇筑 ………………………………………… 69
8.混凝土梁的浇筑 ………………………………………… 71
9.肋形楼板混凝土的浇筑 ………………………………… 73
10.其他现浇构件的浇筑…………………………………… 75
11.混凝土养护……………………………………………… 76
12.混凝土拆模……………………………………………… 81
二、混凝土泵送施工……………………………………………… 82
1.混凝土泵送的技术要求 ………………………………… 82
2.混凝土泵送 ……………………………………………… 83
三、混凝土施工缝………………………………………………… 84
1.施工缝留置的原则 ……………………………………… 84
2.施工缝的允许留置部位 ………………………………… 85
3. 施工缝的处理 …………………………………………… 87
4.混凝土的后浇带 ………………………………………… 88
四、大体积混凝土施工…………………………………………… 91
1.大体积混凝土基础的浇筑 ……………………………… 91
2.预防大体积混凝土裂缝的措施 ………………………… 93
五、清水混凝土工程施工………………………………………… 94
1.清水混凝土分类及做法要求 …………………………… 94

2.清水混凝土模板施工 …… 97
3.清水混凝土施工 …… 98
六、混凝土冬雨期施工 …… 100
1. 蓄热法施工 …… 101
2.综合蓄热法施工 …… 103
3.暖棚法施工 …… 105
4.蒸汽养护法施工 …… 105
5.使用硫铝酸盐负温早强混凝土施工 …… 107
6.掺外加剂法施工 …… 109
7.暑期施工 …… 111
8.雨期施工 …… 113
七、混凝土施工缺陷处理 …… 113
1.蜂窝 …… 113
2.露筋 …… 114
3.孔洞 …… 114
4.夹渣 …… 115
5.疏松 …… 115
6.裂缝 …… 116
八、预制构件施工 …… 117
1.现场预制构件的平面布置 …… 117
2.现场预制构件的操作要点 …… 117
3.预制构件装配施工 …… 120
九、预应力混凝土施工 …… 121
1.先张法预应力混凝土施工 …… 121
2.后张法预应力混凝土施工 …… 123
第3部分　混凝土工岗位安全常识 …… 126
一、混凝土工施工安全基本知识 …… 126

1.材料运输安全操作规程 …… 126
2.混凝土浇灌安全操作规程 …… 126
3.混凝土养护安全操作规程 …… 127
二、现场施工安全操作基本规定 …… 127
1.杜绝“三违”现象 …… 127
2.牢记“三宝”和“四口、五临边” …… 128
3.做到“三不伤害” …… 128
4.加强“三懂三会”能力 …… 129
5.掌握“十项安全技术措施” …… 129
6.施工现场行走或上下的“十不准” …… 130
7.做到“十不盲目操作” …… 130
8.“防止坠落和物体打击”的十项安全要求 …… 131
9.防止机械伤害的“一禁、二必须、三定、四不准” … 132
10.“防止车辆伤害”的十项安全要求 …… 133
11.“防止触电伤害”的十项安全操作要求 …… 134
12.施工现场防火安全规定 …… 135
三、高处作业安全知识 …… 137
1.高处作业的一般施工安全规定和技术措施 …… 137
2.高处作业的基本安全技术措施 …… 138
3.高处作业安全防护用品使用常识 …… 139
四、脚手架作业安全技术常识 …… 140
1.脚手架的作用及常用架型 …… 140
2.脚手架作业一般安全技术常识 …… 141
五、施工现场临时用电安全知识 …… 142
1.现场临时用电安全基本原则 …… 142
2.安全电压 …… 144
3.电线的相色 …… 144

4.插座的使用 …… 145
5."用电示警"标志 …… 145
6.电气线路的安全技术措施 …… 146
7.照明用电的安全技术措施 …… 147
8.配电箱与开关箱的安全技术措施 …… 148
9.配电箱和开关箱的使用要求 …… 149
10.手持电动机具的安全使用要求 …… 149
11.触电事故及原因分析 …… 150
六、起重吊装机械安全操作常识 …… 151
1.基本要求 …… 151
2.塔式起重机使用安全常识 …… 152
3.施工电梯使用安全常识 …… 153
4.物料提升机使用安全常识 …… 155
5.起重吊装作业安全常识 …… 156
七、中小型施工机械安全操作常识 …… 157
1.基本安全操作要求 …… 157
2.混凝土(砂浆)搅拌机安全操作要求 …… 158
3.混凝土振动器安全操作要求 …… 158
4.钢筋切断机安全操作要求 …… 159
5.钢筋弯曲机安全操作要求 …… 160
6.钢筋调直切断机安全操作要求 …… 160
7.钢筋冷拉安全操作要求 …… 161
8.圆盘锯安全操作要求 …… 161
9.蛙式夯实机安全操作要求 …… 162
10.振动冲击夯安全操作要求 …… 162
11.潜水泵安全操作要求 …… 163
12.交流电焊机安全操作要求 …… 163

13.气焊设备安全操作要求 …… 164

第4部分 相关法律法规及务工常识 …… 165

一、相关法律法规(摘录) …… 165

1.中华人民共和国建筑法(摘录) …… 165

2.中华人民共和国劳动法(摘录) …… 166

3.中华人民共和国安全生产法(摘录) …… 167

4.建设工程安全生产管理条例(摘录) …… 170

5.工伤保险条例(摘录) …… 171

二、务工就业及社会保险 …… 172

1.劳动合同 …… 172

2.工资 …… 178

3.社会保险 …… 180

三、工人健康卫生知识 …… 184

1.常见疾病的预防和治疗 …… 184

2.职业病的预防和治疗 …… 189

四、工地施工现场急救知识 …… 196

1.应急救援基本常识 …… 196

2.触电急救知识 …… 196

3.创伤救护知识 …… 198

4.火灾急救知识 …… 200

5.中毒及中暑急救知识 …… 201

6.传染病急救措施 …… 203

参考文献 …… 204

第1部分　混凝土工岗位基础知识

一、钢筋混凝土结构简介

1. 钢筋混凝土结构特点

（1）钢筋混凝土结构的优点。

①与钢结构相比，钢筋混凝土结构的耐火性能较好，因为混凝土包裹着钢筋，混凝土的传热性能较差，在火灾中对钢筋起着保护作用，所以使其不致很快达到软化温度而造成结构整体破坏。

②在钢筋混凝土结构中，尤其是现浇钢筋混凝土结构的整体性较好，其抵抗地震、振动以及强烈爆炸时冲击波作用的性能较好。

③由于新拌和的混凝土的可塑性较好，所以可根据需要浇制成各种形状和尺寸的结构。

④在钢筋混凝土结构中，混凝土的强度是随时间而不断增长的，同时，钢筋被混凝土所包裹而不致锈蚀，所以，钢筋混凝土结构的耐久性是很好的。此外，还可根据需要，配制具有不同性能的混凝土，以满足不同的耐久性要求。因此，钢筋混凝土结构不像钢结构那样，需要经常性的保养和维修，其维修费用极少，几乎与石材相同。

⑤在钢筋混凝土结构所用的原材料中，砂、石所占的分量较大，而砂、石易于就地取材。在工业废料（如矿渣、粉煤灰等）比较多的地区，可将工业废料制成人造骨料（如陶粒），用于钢筋混

凝土结构中,这不但可解决工业废料处理问题,还有利于环境保护,而且可减轻结构的自重。

⑥钢筋混凝土结构的刚性较大,在使用荷载下的变形较小,故可有效地应用于对变形要求较严格的建筑物中。

(2)钢筋混凝土结构的缺点。

①钢筋混凝土结构的截面尺寸一般较相应的钢结构大,因而自重较大,这对于大跨度结构、高层建筑结构以及抗震都是不利的。

②抗裂性能较差,在正常使用时往往是带裂缝工作的。

③建造耗工时较大;施工受气候条件的限制。

④现浇钢筋混凝土需耗用大量木材。

⑤隔热、隔声性能较差。

⑥修补或拆除较困难。

这些缺点在一定条件下限制了钢筋混凝土结构的应用范围。但是,随着钢筋混凝土结构的不断发展,这些缺点已经或正在逐步得到克服。例如,采用轻质高强混凝土以减轻结构自重;采用预应力混凝土以提高构件的抗裂性(同时也可减轻自重);采用预制装配结构或工业化的现浇施工方法以节约模板和加快施工速度。

2. 钢筋混凝土结构分类

(1)钢筋混凝土框架结构。

该结构是由钢筋混凝土梁和柱组成主要承重结构的体系。其优点是建筑平面布置灵活,可形成较大的空间,在公共建筑中应用较多。

框架有现浇和预制之分,现浇框架多用组合式定型钢模现场进行浇筑。为了加快施工进度,梁、柱模板可预先整体组装,然后进行安装。预制装配式框架多由工厂预制，用塔式起重机（轨道式或爬升式）或自行式起重机（履带式、汽车式）进行安装。装配式柱子的接头，有榫式、插入式、浆锚式等，接头要能传递轴力、弯矩和剪力。柱与梁的接头，有明牛腿式、暗牛腿式、齿槽式、整浇式等。可做成刚接（承受剪力和弯矩），也可做成铰接（只承受垂直剪力）。装配式框架接头钢筋的焊接非常重要，要控制焊接变形和焊接应力。但框架结构属于柔性结构，其抵抗水平荷载的能力较弱，而且抗震性能差，因此其高度不宜过高，一般不宜超过60m，且房屋高度与宽度之比不宜超过5。混凝土框架结构见图1-1(a)。

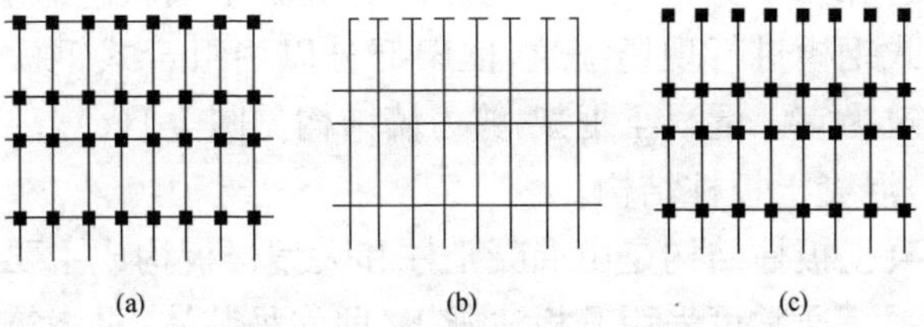

图1-1　钢筋混凝土常规三大结构

(a)框架结构；(b)剪力墙结构；(c)框架-剪力墙结构

(2)混凝土剪力墙结构。

混凝土剪力墙结构是利用建筑物的内墙和外墙构成剪力墙来抵抗水平力。这类结构开间小，墙体多，变化少，适于居住建筑和旅馆建筑。剪力墙一般为钢筋混凝土墙，厚度不小于14cm。剪力墙结构可以采用大模板或滑升模板进行浇筑。这种体系的侧向刚度大，可以承受很大的水平荷载，也可承受很大的竖向荷载，但其主要荷载为水平荷载，高度不宜超过150m。混凝土剪力墙结构见图1-1(b)。

(3)混凝土框架-剪力墙结构。

剪力墙结构侧向刚度大,抵抗水平荷载的能力较大,但建筑布置不灵活,难以形成较大的空间;框架结构的建筑布置灵活,可形成大空间,但侧向刚度较差,抵抗水平荷载的能力较小。基于以上两种情况,将两者结合起来,取长补短,在框架的某些柱间布置剪力墙,与框架共同工作,这样就得到了一种承受水平荷载能力较大,建筑布置又较灵活的结构体系,即框架-剪力墙结构。在这种结构体系中,剪力墙可以是预制钢筋混凝土墙板,也可以是现浇钢筋混凝土墙板,还可以是钢桁架结构。这种结构的房屋高度一般不宜超过 120m,房屋的高宽比一般不宜超过5。一般情况下,剪力墙如为现浇钢筋混凝土墙板,多用大模板或组合式钢模进行现场浇筑,框架部分以用组合式钢模板进行现场浇筑为宜。混凝土框架-剪力墙结构见图 1-1(c)。

(4)混凝土板柱结构。

混凝土板柱结构是由混凝土柱和大型楼板构成主要承重结构的体系。通常可采用升板法施工,即先吊装柱,再浇筑室内地坪,然后以地坪为胎膜就地叠浇各层楼板和屋面板,待混凝土达到一定强度后,再在柱上安设提升机,以柱作为支承和导杆,当提升机不断沿着柱向上爬升时,即可通过吊杆将屋面板和各层楼板逐一交替地提升到设计标高,并加以固定。钢筋混凝土板柱结构见图 1-2。

(5)钢筋混凝土筒体结构。

该结构是由一个或几个筒体作为承重结构的高层建筑结构体系。水平荷载主要由筒体承受,具有很大的空间刚度和抗震能力。该体系还可分为核心筒体系(或称内筒体系)、框筒体系、筒中筒体系和成束筒体系。核心筒的内筒多为现浇的钢筋混凝土墙板结构,如高度很大用滑升模板施工较为适宜;筒中筒结构

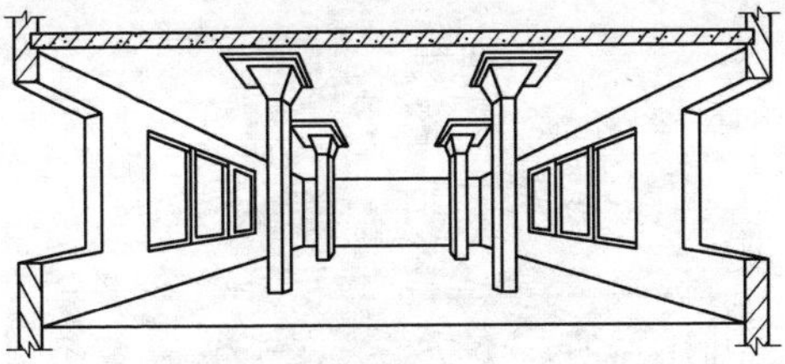

图 1-2　钢筋混凝土板柱结构

体系，如为钢筋混凝土结构，则建筑高度很大，用滑升模板施工是较好的施工方法。这种结构体系，建筑布置灵活，单位面积的结构材料消耗量少，是目前超高层建筑的主要结构体系之一。筒体结构见图 1-3。

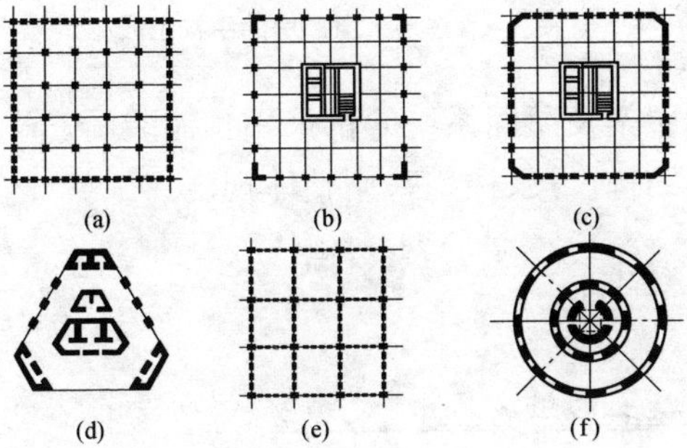

图 1-3　筒体结构

(a)框筒；(b)筒体-框架；(c)筒中筒；(d)多筒体；(e)成束筒；(f)多重筒

(6)混凝土大跨度结构。

跨度较大的混凝土结构，如桥梁、高大空间建筑等，一般采用预应力混凝土结构形式。

(7)混凝土单层厂房结构。

混凝土单层厂房结构见图 1-4。

①排架结构。厂房中除了基础是在现场浇筑之外，柱、吊车

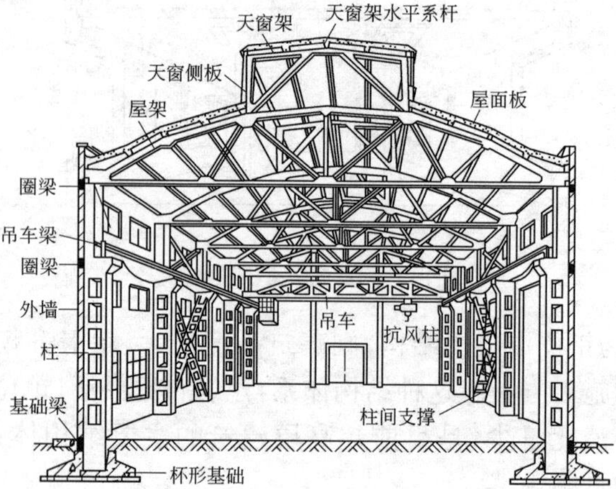

图 1-4　单层工业厂房的结构组成

梁、连系梁、屋架及屋面系统等都采用预制装配。

②刚架结构。梁、柱均采用整体现浇。

二、混凝土

1. 混凝土的组成

混凝土的基本组成材料是天然砂、石子、水泥和水，为改善混凝土的某些性能还常加入适量的外加剂或外掺料。

在混凝土中，砂、石起骨架作用，因此称为骨料。水泥和水形成的水泥浆，包裹在砂粒表面并填充砂粒间的空隙而形成水泥砂浆，水泥砂浆又包裹在石子表面并填充石子空隙。在混凝土硬化前，水泥浆起润滑作用，赋予混凝土拌和物一定的流动性，便于施工。硬化后，则将骨料胶结成一个坚实的整体，并产生一定的力学性能。混凝土结构见图 1-5。

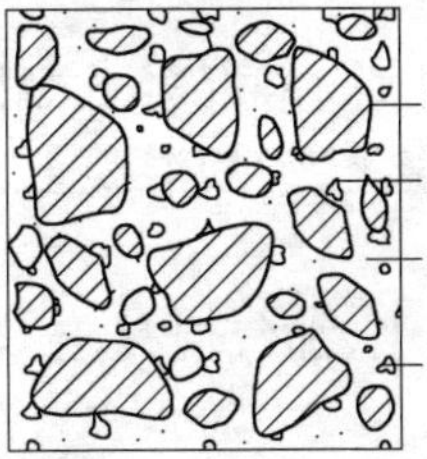

图1-5　混凝土结构

混凝土的技术性质在很大程度上是由原材料的性质及其相对含量决定的。同时也与施工工艺(搅拌、成型、养护)有关,因此,必须了解其原材料的性质、作用及其质量要求,合理选择原材料,才能保证混凝土的质量。

2. 混凝土的分类

混凝土的类型日益增多,它们的性能和应用也各不相同。

(1)按表观密度分类。

①特重混凝土:表观密度大于2800kg/m^3。主要用于防辐射工程的屏蔽材料。

②重混凝土:表观密度在2000～2800kg/m^{3}之间,主要用于各种承重结构。

③轻混凝土:表观密度在500～2000kg/m^{3}之间,包括轻骨料混凝土(表观密度在800～2000kg/m^3)和多孔混凝土(表观密度在500～800kg/m^3),主要用于承重结构和承重隔热制品。

④特轻混凝土:表观密度在500kg/m^{3}以下的多孔混凝土和用特轻骨料(加膨胀珍珠岩、膨胀蛭石、泡沫塑料等)制成的轻骨料混凝土,主要用作保温隔热材料。

(2)按用途分类。

主要有结构用混凝土、耐酸混凝土、耐碱混凝土、耐热混凝土、防护混凝土、道路混凝土、大坝混凝土、收缩补偿混凝土、装饰混凝土等。

此外,还有膨胀混凝土、加气混凝土、纤维混凝土等各种特殊功能的混凝土。

随着混凝土应用范围的不断扩大,混凝土的施工机械也在不断发展。泵送混凝土、商品混凝土以及新的施工工艺给混凝土施工带来很大的方便。

(3)按胶结材料分类。

①无机胶结材料混凝土:水泥混凝土、石膏混凝土、水玻璃混凝土等。

②有机胶结材料混凝土:沥青混凝土、聚合物混凝土等。

③无机与有机复合胶结材料混凝土:聚合物水泥混凝土、聚合物浸渍混凝土。

(4)按混凝土的结构分类。

①普通结构混凝土:以碎石或卵石、砂子、水泥和水制成的混凝土为普通混凝土。

②细粒混凝土:由细骨料和胶结材料制成,主要用于制造薄壁构件。

③大孔混凝土:由粗骨料和胶结材料制成。骨料外包胶结材料,骨料彼此以点接触,骨料之间有较大的空隙。主要用于墙体内隔层等填充部位。

④多孔混凝土:这种混凝土无粗细骨料,全由磨细的胶结材料和其他粉料加水拌成料浆,用机械方法或化学方法使之形成许多微小的气泡后再经硬化制成。

3. 混凝土的性能

混凝土从制作到制得成品都要经历拌和物、凝结硬化及硬化后三个阶段，掌握这三个阶段混凝土的性质特征，对于选择施工方法、控制质量将大有益处。

(1)混凝土拌和物的基本性能。

①和易性的概念。混凝土拌和物应具有一定的弹性、塑性和黏性。这些性质综合起来通常叫做和易性(稠度)。和易性是混凝土拌和物的一种综合性的技术性质，包括黏聚性、流动性和保水性三方面的含义。

黏聚性是指混凝土拌和物所表现的黏聚力。这种黏聚力使混凝土在受作用力后不致出现离析现象。

流动性是指混凝土拌和物在自重或施工机械振捣的作用下，产生流动并均匀密实地填满模板各个角落的能力。它可以影响施工捣实的难易和浇筑的质量。流动性一般以坍落度的大小来表示。

保水性是指混凝土拌和物保持水分不易析出的能力。保持水分的能力一般以稀浆析出的程度来测定。

混凝土拌和物的和易性是用坍落度或工作度(干硬度)来表示的。

②坍落度的测定方法。将混凝土的拌和物分三层装入用水润湿过的截头圆锥筒内，每层高度应稍大于筒高的1/3，并用弹头形捣棒插捣25次，在插捣上面两层时，应插捣至下层表面为止。插捣时不要冲击。

捣完后，刮平筒口，将圆锥筒慢慢垂直提起，将空筒放在锥体混凝土试样旁边，然后在筒顶上放一平尺，量出尺的底面至试样顶面中心之间的垂直距离(以cm或mm计)，此距离即为混凝土拌和物的坍落度,见图 1-6。

③工作度的测定方法。混凝土的工作度用于测定混凝土拌和物在振动状态下相对的流动性,适用于低流动性混凝土或干硬性混凝土。其测定方法如下:

将混凝土标准试模(200mm×200mm×200mm)固定在标准振动台上,再将底部直径略小的截头圆锥筒(除去踏板)放进标准试模内,上口放置装料漏斗(图 1-7),将混凝土拌和物按坍落度试验方法分三层装捣,然后取去圆筒,开动振动台,直至模内混凝土拌和物充分展开而表面呈水平为止。从开始振动到混凝土拌和物表面形成水平时的延续时间(s),称为混凝土的工作度。

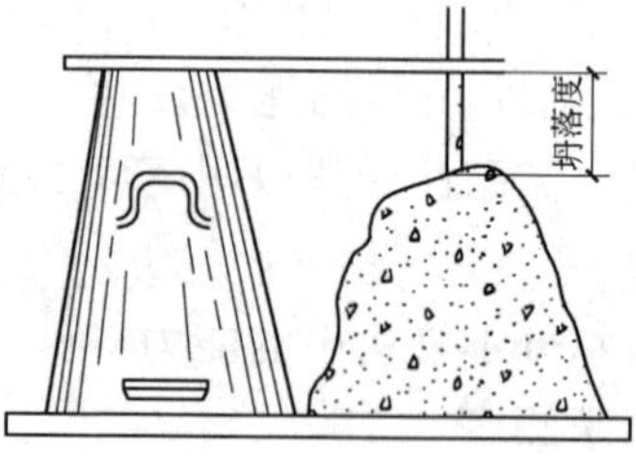

图 1-6 混凝土坍落度的测定

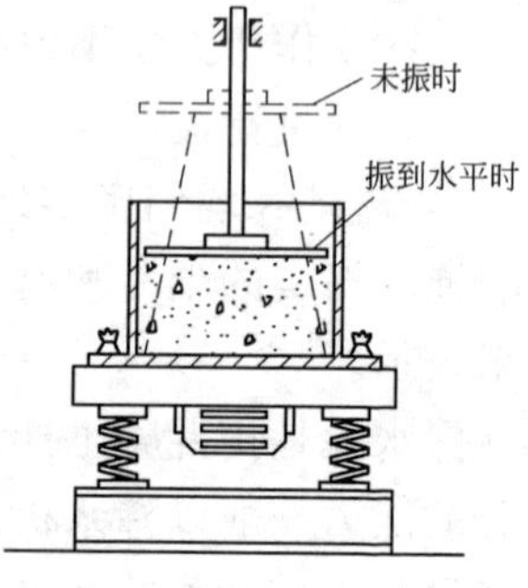

图 1-7 混凝土工作度的测定

应当注意,同一次拌和的混凝土拌和物的坍落度或工作度应测两次,取其平均值作为测定结果。每次须换用新的拌和物。如果两次测得的结果,坍落度相差 2cm 以上,工作度相差 20% 以上,则整个测定须重做。

④影响混凝土和易性的主要因素。

其一,水泥浆量:在一定范围内,水泥浆量越多,混凝土拌和物流动性越大。但如水泥浆量过多,不仅流动性无明显增大,反而降低黏聚性，影响施工质量。

其二，水灰比：水灰比不同，水泥浆的稀稠程度也不同。一般在水泥浆量不变的条件下，增大水灰比，即减少水泥用量或增加用水量时，水泥浆就变稀，使水泥浆的黏聚性降低，流动性增大。如水灰比过大，使水泥浆的黏聚性降低过多，就会泌水，影响混凝土质量。相反，如水灰比过小，水泥浆较稠，采用一般施工方法时也难以浇筑捣实。故水灰比不能过大，也不能过小。一般认为水灰比在0.45～0.55的范围内，可以得到较好的技术经济效果，和易性也比较理想。

其三，砂率：指砂的用量占砂石总用量的百分数。在一定的水泥浆量条件下，如砂率过大，则混凝土拌和物就显得干稠，流动性小；如砂率过小，砂浆量不足，不能在石子周围形成足够的砂浆层以起润滑作用，也会影响黏聚性和保水性，使拌和物显得粗涩，石子离析，水泥浆流失。为保证混凝土拌和物的质量，砂率不可过大，也不可过小，应通过试验确定最佳砂率。

此外，水泥种类和细度，石子种类及粒形和级配，以及外加剂等，都对拌和物和易性有影响。

(2)混凝土在硬化过程中的性能。

混凝土的凝结硬化要经历初凝、终凝到产生初期强度等三个过程，这主要是靠水泥的水化作用来实现。水泥的水化反应放出热量，使混凝土升温，将会出现初期体积变化和可能出现裂缝现象。了解混凝土在这一阶段的性质，对于控制混凝土的施工质量大有益处。

①混凝土拌和物入模之后，从流动性很大到逐渐丧失可塑性，转化为固体状态，这个变化过程叫凝结。凝结又分为初凝和终凝。

初凝是混凝土拌和物由流动状态变为初步硬化状态的。不论什么混凝土都必须在初凝前浇筑振捣完毕，否则影响混凝土的施工质量。

终凝是指混凝土从逐步硬化状态到完全变成固体状态，并且具有一定强度。终凝之后的混凝土不可再扰动，否则会降低混凝土的强度。这时应加强养护，不得使混凝土内部水分过早或过快地蒸发掉。否则将同样会降低混凝土的强度。

②为了使混凝土和砂浆有充分的时间进行搅拌、运输、浇捣或砌筑，要求水泥不宜过早开始凝结。

③施工完毕，则希望尽快硬化，具有强度。国家标准规定：硅酸盐水泥和普通水泥的初凝时间不得早于45min，终凝时间不得迟于12h。

④实际上，我国生产的水泥初凝时间一般为1～3h，终凝时间为5～8h。

(3)混凝土硬化后的性能。

硬化后的混凝土应具有足够的强度、耐久性、抗渗性和抗冻性以及较小的收缩与徐变。

4. 混凝土试块的留置

(1)混凝土的抗压强度，应以边长为150mm立方体试件，以标准成型方法，在温度为(20±3)℃和相对湿度为90%以上潮湿环境或水中的标准条件下，经28d养护后，用标准试验方法确定。

试件必须在浇筑地点制作。蒸汽养护的混凝土结构或构件，其试件应随同结构或构件养护，再转入标准条件养护共28d。试验结果作为评定结构或构件是否达到设计强度等级的依据。

(2)同条件养护试件的留置方式和取样数量，应符合下列要求。

①同条件养护试件所对应的结构构件或结构部位，应由监理(建设)、施工等各方共同选定。

②对混凝土结构工程中的各混凝土强度等级，均应留置同条件养护试件。

③同一强度等级的同条件养护试件，其留置的数量应根据混凝土工程量和重要性确定，不宜少于10组，且最少不应少于3组。

④同条件养护试件拆模后，应放置在靠近相应结构构件或结构部位的适当位置，并应采取相同的养护方法。

⑤同条件养护试件应在达到等效养护龄期时进行强度试验。等效养护龄期应根据同条件养护试件强度与在标准养护条件下28d龄期试件强度相等的原则确定。

⑥同条件自然养护试件的等效养护龄期及相应的试件强度代表值，宜根据当地的气温和养护条件，按下列规定确定：

等效养护龄期可取按日平均温度逐日累计达到600℃·d时所对应的龄期，0℃及以下的龄期不计入；等效养护龄期不应小于14d，也不宜大于60d。

同条件养护试件的强度代表值应根据强度试验结果按现行国家标准《混凝土强度检验评定标准》(GB/T 50107—2010)的规定确定后，乘折算系数1.10取用，也可根据当地的试验统计结果作适当调整。

(3)为了检查结构或构件的拆模、出池、出厂、吊装、张拉、放张及施工期间临时负荷的需要，尚应留置与结构或构件同条件养护的试件。试件的组数可按实际需要确定。

(4)每组三个试件应在同盘混凝土中取样制作，并按下列规定确定该组试件的混凝土强度代表值：

①取三个试件强度的平均值。

②当三个试件强度中的最大值或最小值之一与中间值之差超过中间值的15%时,取中间值。

③当三个试件强度中最大值和最小值与中间值之差超过中间值的15%时,该组试件不应作为强度评定的依据。

5.商品混凝土

商品混凝土又称预拌混凝土,是工业化集中搅拌、商品化供应、专业化经营的混凝土。发展商品混凝土,使混凝土工艺上了一个新的台阶,是实现建筑工业化的重要步骤。

(1)商品混凝土的优点。

①提高混凝土质量,一般试块合格率为100%。

②节约水泥及砂、石材料,可节约水泥10%~15%,减少混凝土损耗12%。

③降低成本5%以上。

④加快施工速度。

⑤有利于散装水泥的推广和利用。

⑥节约劳动力,减轻劳动强度,可提高劳动生产率200%~250%。

⑦有利现场文明施工,减少环境污染,节约施工场地。

⑧有利科技成果的利用和推广。

⑨促进建筑业的机械化发展。

(2)商品混凝土推广的条件。

①混凝土市场条件:根据城市和地区的发展规划,应预计出混凝土的需求量,从而使商品混凝土有相应的生产计划。

②交通条件:混凝土搅拌后应在2h内运到现场,运输时间的控制应有必要的交通条件作保证,因此规划好运输路线,防止

交通堵塞是极为重要的条件(如有的城市只在夜间运输混凝土)。

③材料条件:水泥、砂、石子等原材料必须货源充足,保证就近供应;粉煤灰、外加剂等掺加材料也要有保证。

④建站条件:建立混凝土搅拌站是一个中心环节,其建站布点的原则应考虑以下几点。

其一,搅拌站应力求建在大宗材料供应比较方便或运输比较合理的区域内,应尽可能地减少混凝土材料的运输费用,混凝土体积中有70%~80%是砂、石的体积,对提高搅拌站的经济效益有极大意义。

其二,搅拌站的选址应坚持工程任务与区域均匀布局相结合的原则,尽可能使混凝土的供应半径控制在10km以内,这样可减少运输车辆配备和固定资产投资,求得最好的经济效益。

其三,搅拌站的总体布局应力求合理完善,尤其是一些辅助性生产设施和三废处理设施,防止环境污染等问题,在建站时必须通盘考虑,否则将给生产带来后遗症。

其四,充分利用现有的预制构件厂的能力进行改建、扩建,这样可发挥构件厂的现有生产能力,节约建站投资。

其五,搅拌站的设计生产能力一般以年产量100000~150000m^3混凝土为宜。

其六,尽量选用自动化程度较高,能生产各种类型混凝土的搅拌设备,也要装备一定数量的搅拌车等运输设备,形成配套的生产能力。

⑤其他条件:施行商品混凝土要求有严格的计划管理、施工管理、技术管理等条件。此外,商品混凝土在推行之初,也要有改革条件的保证,在价格上应该照顾到有利于调动商品混凝土生产经营与使用双方的积极性。

三、混凝土施工机具

1. 运输机具

(1)手推车。

手推车是施工工地上普遍使用的水平运输工具，手推车具有小巧、轻便等特点，不但适用于一般的地面水平运输，还能在脚手架、施工栈道上使用；也可与塔式起重机、井架等配合使用，解决垂直运输。

(2)机动翻斗车。

采用柴油机装配而成的翻斗车，功率 7355W，最大行驶速度达 35km/h。车前装有容量为 400L、载重 1000kg 的翻斗。具有轻便灵活、结构简单、转弯半径小、速度快、能自动卸料、操作维护简便等特点。适用于短距离水平运输混凝土以及砂、石等散装材料，见图 1-8。

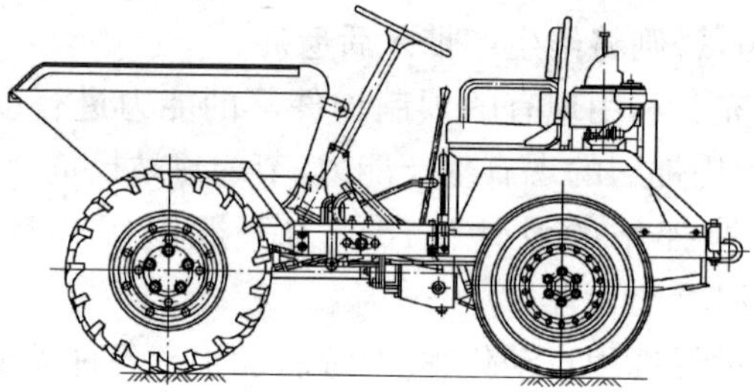

图 1-8　机动翻斗车

(3)混凝土搅拌输送车。

混凝土搅拌输送车是一种用于长距离输送混凝土的高效能机械，它是将运送混凝土的搅拌筒安装在汽车底盘上，而以混凝土搅拌站生产的混凝土拌和物灌装入搅拌筒内，直接运至施工现场,供浇筑作业需要。在运输途中,混凝土搅拌筒始终在不停地慢速转动,从而使筒内的混凝土拌和物可连续得到搅动,以保证混凝土通过长途运输后,仍不致产生离析现象。在运输距离很长时,也可将混凝土干料装入筒内,在运输途中加水搅拌,这样能减少由于长途运输而引起的混凝土坍落度损失。

①混凝土搅拌输送车的构造。混凝土搅拌输送车是在载重汽车底盘上安装一套能慢速旋转的混凝土搅拌装置,其结构外形见图1-9。

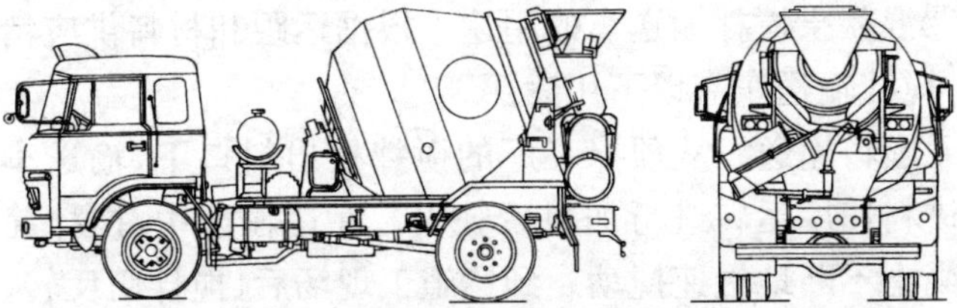

图1-9　混凝土搅拌输送车结构外形

混凝土搅拌输送车除载重汽车底盘外,主要由传动系统、搅拌装置、供水系统、操作系统等组成。

a. 传动系统。

机械传动:发动机动力通过分动器输送到汽车底盘下的圆锥齿轮箱,再通过离合器、搅拌变速器,最后通过单排滚子链驱动搅拌筒。

液压传动:发动机驱动液压泵,输出液压油驱动液压电机,通过行星减速器,最后由链轮驱动搅拌筒。

b. 搅拌装置。

搅拌筒是梨形,筒内设有两条互错180°的螺旋叶片,卸料口设有使卸料连续均匀的辅助叶片,筒口焊有进料圆筒,使进料顺利和防止洒落。筒体前端的枢轴安装在机架上的轴承座内,搅拌时正转，出料时反转。

c. 供水系统。

由水泵将水压入水箱，经水管通入搅拌筒和连接冲洗喷头，由三通阀控制，从水位标尺上显示加水量。

d. 操纵系统。

设有两套调速和控制搅拌变速器的联动手柄，可在车辆前后方和中部三个位置进行操纵。此外还有控制分动器和水泵的手柄。

②混凝土搅拌输送车的用途。根据运距和材料供应情况的不同，搅拌输送车有以下用途：

a. 湿料输送。从预拌工厂的搅拌机出料口下，输送车搅拌筒以进料速度运转进行加料后驶出。在运输途中，搅拌筒旋转使混凝土不断地慢速搅动。到达施工现场后，搅拌筒反转，卸出混凝土。

b. 半干料输送。对尚未配足水的混凝土进行搅拌输送。

c. 干料输送。把经过称量后的砂、石子和水泥等干料装入搅拌筒内，在输送车到达施工现场前加水进行搅拌。搅拌完成后再反转出料。

d. 搅拌混凝土。如配料站无搅拌机，可将输送车作搅拌机用，把经过称量的各种混合料按一定的加料顺序加入搅拌筒，搅拌后再送至施工现场。

③混凝土搅拌输送车的使用要点。

a. 搅拌车液压传动系统液压油的压力、油量、油质、油温应达到规定要求，无渗漏现象。

b. 搅拌车在露天停放时，装料前应先将搅拌筒反转，使筒内的积水和杂物排出。

c. 搅拌车在公路上行驶时，接长卸料槽必须翻转后固定在卸料槽上，再转至与车身垂直部位，用销轴与机架固定，防止由于不固定而引起摆动，打伤行人或影响车辆运行。

d. 搅拌车通过桥、洞、库等设施时，应注意通过高度及宽度，以免发生碰撞事故。

e. 搅拌车运送混凝土的时间不得超过搅拌站规定的时间。若中途发现水分蒸发，可适当加水，以保证混凝土质量且搅拌装置连续运转时间不应超过8h。

f. 运送混凝土途中，搅拌筒不得停转，以防混凝土产生初凝及离析现象。

g. 搅拌筒由正转变为反转时，必须先将操纵手柄放至中间位置，待搅拌筒停转后，再将操纵手柄放至反转位置。

h. 水箱的水量要经常保持装满，以防急用，冬期停车时，要将水箱和供水系统的水放净。

i. 装料前，最好先向筒内加少量水，使进料流畅，并可防止粘料搅拌运输时，装载混凝土的质量不能超过允许载重量。

j. 用于搅拌混凝土时，必须在拌筒内先加入总水量2/3的水，然后再加入骨料和水泥进行搅拌。

④混凝土搅拌输送车的维护保养。

a. 搅拌输送车发动前，应进行全面检查，确保各部件正常，连接牢固，操作灵活。

b. 对液压泵、电机、阀等液压和气压原件，应按产品说明书要求进行保养。

c. 及时检查并排除液压、气压、电气等系统管路的漏损及断电等现象。

d. 定期检查搅拌叶片的磨损情况并及时修补。

e. 经常检查各减速器是否有异响和漏油现象，并及时排除。

f. 在对机械进行清洗、维护及换油时，必须先将发动机熄火停止运转。

g. 下班之前，要清洗搅拌筒及车身表面，防止混凝土凝结在筒壁、叶片及车身上。

h. 露天停放时，要盖好有关部位，以防生锈、失灵。

i. 严格按照规定的部位及周期进行润滑，并保持加油处清洁规定部位见表 1-1。

表 1-1　　混凝土搅拌输送车上润滑部位及周期表

<table>
<tr><th>润滑部位</th><th>润滑脂</th><th>润滑周期</th><th>润滑部位</th><th>润滑脂</th><th>润滑周期</th></tr>
<tr><td>斜槽销</td><td rowspan="5">钙基脂
ZG—1</td><td rowspan="4">每班</td><td rowspan="2">万向节十字
轴托轴</td><td rowspan="2">钙基脂
ZG—1</td><td rowspan="2">50h
200h</td></tr>
<tr><td>加长斗连接销</td></tr>
<tr><td>升降机构连接销</td><td rowspan="2">操纵软轴</td><td rowspan="2">齿轮油
HL—20</td><td rowspan="2">200h</td></tr>
<tr><td>操纵机构连接点</td></tr>
<tr><td>斜槽销支承轴</td><td>50h</td><td>液压电机</td><td></td><td>1200h</td></tr>
</table>

注：汽车底盘部分按该型汽车的有关保养规定执行。

⑤混凝土搅拌输送车的故障排除。

混凝土搅拌输送车的常见故障及排除方法见表 1-2。

表 1-2　　混凝土搅拌车常见故障及排除方法

故障	原因	排除方法
进料堵塞	(1)进料搅拌不匀，出现生料； (2)进料速度过快	(1)用工具捣通，同时加一些水； (2)控制进料速度
搅拌筒不能转动	(1)机械系统故障，局部卡死； (2)液压系统故障； (3)操纵系统失灵	检查并排除故障后，再启动

续表

故障	原因	排除方法
搅拌筒反转不出料	(1)料过干含水量小； (2)叶片磨损严重	(1)加水搅拌； (2)修复或更换叶片
搅拌筒上、下跳动	(1)滚道和托轮磨损严重； (2)轴承座螺栓松动	(1)修复或更换； (2)拧紧螺栓
液压系统有噪声，油泵吸空，油生泡沫	(1)吸油滤清器堵塞； (2)进油管路渗漏	(1)更换滤清器； (2)检查并排除渗漏
油温过高	(1)空气滤清器堵塞； (2)液压油黏度太大	(1)清洗或更换滤清器； (2)更换液压油
液压系统压力不足，油量太小	(1)油箱内油量少； (2)油脏使液压泵磨损； (3)滤清器失效	(1)添加至规定量； (2)清洗或更换； (3)清洗或更换
液压系统漏油	(1)元件磨损； (2)接头松动	(1)修复或更换； (2)拧紧接头管
操纵失灵	(1)液压油泵伺服阀磨损； (2)轮轴接头松动； (3)操纵机构连接接头松动	(1)修复或更换； (2)重新拧紧； (3)重新拧紧

2. 混凝土泵送机具

混凝土泵根据驱动方式主要有两类：柱塞泵（活塞泵）和挤压泵。柱塞泵根据传动机构不同，又分为机械传动和液压（水压或油压）传动两种。

(1)液压柱塞式混凝土泵。

①液压柱塞式混凝土泵的工作原理见图1-10。

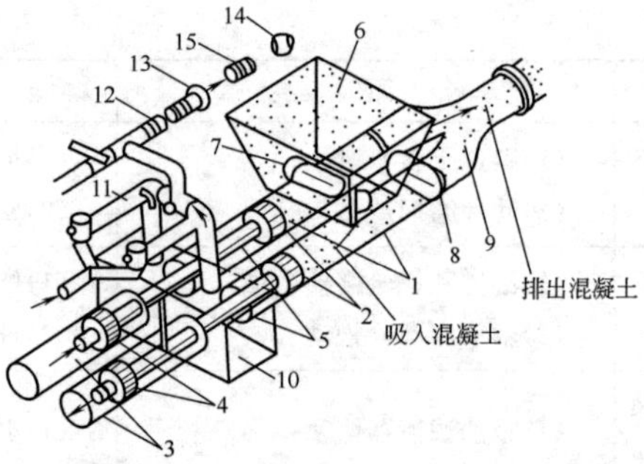

图 1-10　液压柱塞式混凝土泵工作原理图

1—混凝土缸；2—推压混凝土柱塞；3—液压缸；4—液压柱塞；5—柱塞杆；6—料斗；7—控制吸入的水平分配阀；8—控制排出的竖向分配阀；9—Y 形输送管；10—水箱；11—水洗装置换向阀；12—水洗用高压软管；13—水洗用法兰；14—海绵球；15—清洗活塞

②柱塞泵多用液压驱动，它主要由料斗、液压缸和柱塞、混凝土缸、分配阀、Y 形输送管、冲洗设备、液压系统和动力系统等组成。

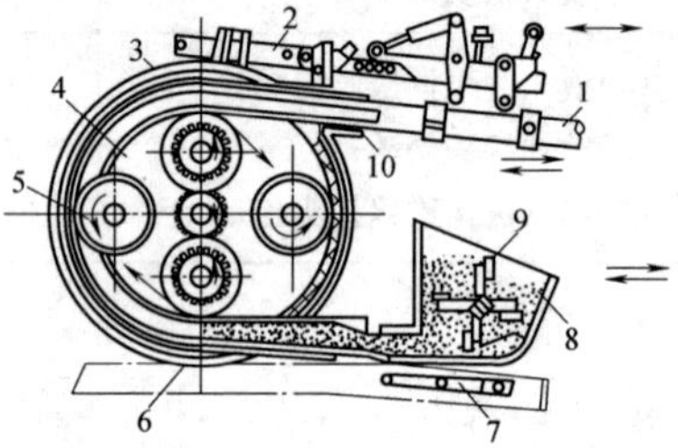

图 1-11　转子式双滚轮型挤压泵

1—输送管；2—缓冲架；3—橡胶衬垫；4—链条；5—滚轮；6—挤压胶管；7—料斗移动油缸；8—料斗；9—搅拌叶片；10—密封套

③柱塞式泵自动化程度较高，排出压力可达5MPa($50kg/cm^2$)，从而可使水平输送距离达到200～500m，垂直运距50～100m，排量为30～$60m^3/h$，混凝土中石子粒径可达50mm，坍落度为5～23cm，混凝土缸的使用寿命为$50000m^3$，但是价格较贵，维修复杂。

(2)挤压式混凝土泵。

挤压泵构造简单，见图1-11，使用寿命长，能逆运转，易于排除故障。管道内混凝土压力较小，输送距离较柱塞泵小。其水平运输距离一般为200m，垂直距离为50m，胶管的使用寿命为$2000m^3$，排量与转轴架转速成正比，转速可调，排量一般为5～$30m^3/h$。胶管内径一般为100mm，骨料应选用卵石，粒径应在25mm以下，坍落度为8cm以上。这种泵的优点是价格低，维修费用少，使用寿命长，工作平稳，噪声较低。

(3)泵车。

将液压活塞式混凝土泵固定安装在汽车底盘上，使用时开至需要施工的地点，进行混凝土泵送作业，称为混凝土汽车泵或移动泵车。一般情况下，此种泵车都附带装有全回转三段折叠臂架式的布料杆。整个泵车主要由混凝土推送机构、分配闸阀机构、料斗搅拌装置、悬臂布料装置、操作系统、清洗系统、传动系统、汽车底盘等部分组成，见图1-12。这种泵车使用方便，适用范围广，它既可以利用在工地配置装接的管道输送到较远、较高的混凝土浇筑部位，也可以发挥随车附带的布料杆的作用，把混凝土直接输送到需要浇筑的地点。

施工时，现场规划要合理布置混凝土泵车的安放位置。一般混凝土泵应尽量靠近浇筑地点，并要满足两台混凝土搅拌输送车能同时就位，使混凝土泵能不间断地得到混凝土供应，进行连续压送，以充分发挥混凝土泵的有效能力。

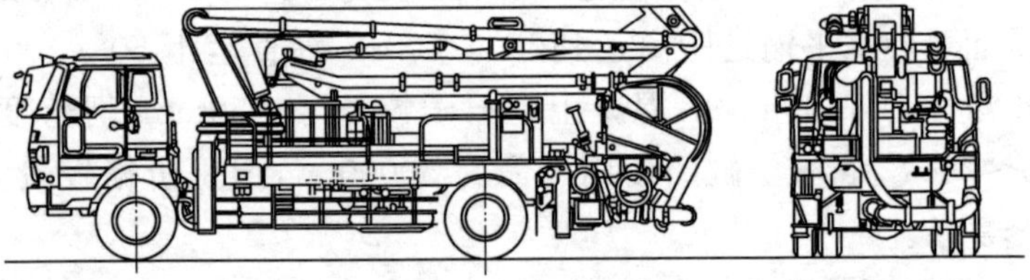

图 1-12 混凝土汽车泵

混凝土泵车的输送能力一般为 80m³/h;在水平输送距离为 520m 和垂直输送高度为 110m 时,输送能力为 30m³/h。

(4)泵送管道。

管道分为直管、臂架弯管和非臂架弯管,其规格见表 1-3,管道的用料及其性质见表 1-4,管道的管径与粗骨料规格的关系见表 1-5。

表 1-3 泵送混凝土管道及配件规格

类别		单位	规格
直管	内径	mm	100、125、150、180
	长度	m	0.5、1.0、2.0、3.0
臂架弯管	内径	mm	100、125
	弯曲半径	mm	275
	弯曲角	(°)	30、45、90
非臂架弯管	内径	mm	同直管
	弯曲半径	m	1.0、2.0
	弯曲角	(°)	15、30、45、90
锥形管		mm	150～180、125～150、100～125
布料管	直径	mm	与主管相配
	长度	mm	约 600

表 1-4　泵送混凝土管道用料及性质

材料	说明
低合金钢管	管壁厚 2～3mm，较轻，耐磨
钢管	管壁厚 2～4mm，较易采购，耐磨
铝合金管	较轻，与混凝土摩擦后生出氢气，混凝土强度下降，不宜使用
金属丝绕制橡胶管	不耐磨，只在临时管道或经常移动部位中使用

表 1-5　泵送混凝土管径与粗骨料粒径的关系

粗骨料种类	管径	说明
碎石	粗骨料最大粒径的 4 倍	通常不小于 ϕ100mm
卵石	粗骨料最大粒径的 3.5 倍	通常不小于 ϕ100mm

(5)布料设备。

①混凝土泵车布料杆。混凝土泵车布料杆，是在混凝土泵车上附装的既可伸缩也可曲折的混凝土布料装置。混凝土输送管道就设在布料杆内，末端是一段软管，用于混凝土浇筑时的布料工作。图 1-13 是一种三叠式布料杆混凝土浇筑范围示意图。这种装置的布料范围广，在一般情况下不需再行配管。

②独立式混凝土布料器。独立式混凝土布料器(图 1-14)是与混凝土泵配套工作的独立布料设备。在操作半径内，能比较灵活自如地浇筑混凝土。其工作半径一般为 10m 左右，最大的可达 40m。由于其自身较为轻便，能在施工楼层上灵活移动，所以，实际的浇筑范围较广，适用于高层建筑的楼层混凝土布料。

③固定式布料杆。固定式布料杆又称塔式布料杆，可分为两种：附着式布料杆和内爬式布料杆。这两种布料杆除布料臂

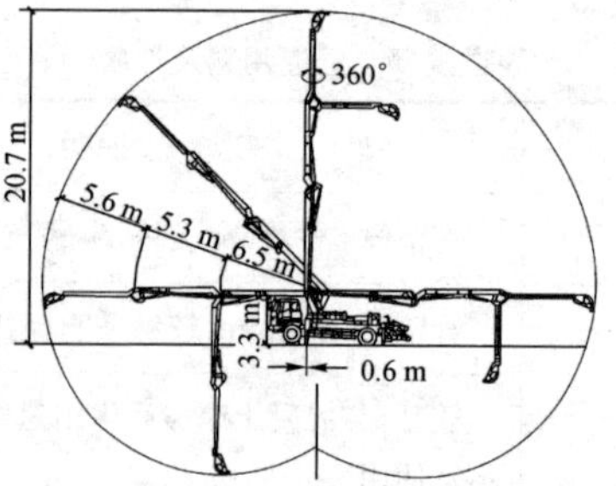

图 1-13 三折叠式布料杆浇筑范围

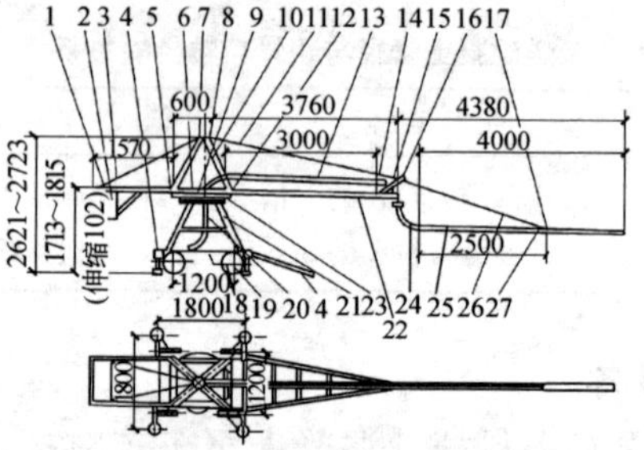

图 1-14 独立式混凝土布料器(单位:mm)

1、7、8、15、16、27—卸甲轧头;2—平衡臂;3、11、26—钢丝绳;4—撑脚;5、12—螺栓、螺母、垫圈;6—上转盘;9—中转盘;10—上角撑;13、25—输送管;14—输送管轧头;17—夹子;18—底架;19—前后轮;20—高压管;21—下角撑;22—前臂;23—下转盘;24—弯管

架外,其他部件如转台、回转支撑、回转机构、操作平台、爬梯、底架均采用批量生产的相应的塔吊部件,其顶升接高系统、楼层爬升系统亦取自相应的附着式自升塔吊和内爬式塔吊。附着式布料杆和内爬式布料杆的塔架有两种不同结构,一种是钢管立柱塔架,另一种是格桁结构方形断面构架。布料臂架大多采用低合金高强钢组焊薄壁箱形断面结构,一般由三节组成。薄壁泵

送管则附装在箱形断面梁上，两节泵管之间用90°弯管相连通。这种布料臂架的俯、仰、曲、伸悉由液压系统操纵。为了减小布料臂架负荷对塔架的压弯作用，布料杆多装有平衡臂并配有平衡重。

目前有些内爬式布料杆如HG17～HG25型，装用另一种布料臂架，臂架为轻量型钢格桁结构，由两节组成，泵管附装于此臂架上，采用绳轮变幅系统进行臂架的折叠和俯仰变幅。这种布料臂的最大工作幅度为17～28m，最小工作幅度为1～2m。

固定式布料杆装用的泵管有三种规格：ϕ100mm、ϕ112mm、ϕ125mm，管壁厚一般为6mm。布料臂架上的末端泵管的管端还都套装有4m长的橡胶软管，以有利于布料。

④起重布料两用机。该机亦称起重布料两用塔吊，多以重型塔吊为基础改制而成，主要用于造型复杂、混凝土浇筑量大的工程。布料系统可附装在特制的爬升套架上，亦可安装在塔顶部经过加固改装的转台上。所谓特制爬升套架乃是带有悬挑支座的特制转台与普通爬升套架的集合体。布料系统及顶部塔身装设于此特制转台上。近年我国自行设计制造一种布料系统装设在塔帽转台上的塔式起重布料两用机，其小车变幅水平臂架最大幅度56m时，起质量为1.3t，布料杆为三节式，液压曲伸俯仰泵管臂架，其最大作业半径为38m。

3. 混凝土搅拌机具

(1)锥形反转出料混凝土搅拌机。

①特点及用途。锥形反转出料混凝土搅拌机的搅拌筒轴线始终保持水平位置，筒内设有交叉布置的搅拌叶片，在出料端设有一对螺旋形出料叶片，正转搅拌时，物料一方面被叶片提升、落下，另一方面强迫物料作轴向窜动，搅拌运动比较强烈。反转

时由出料叶片将拌和料卸出。这种结构适用于搅拌塑性较高的普通混凝土和半干硬性混凝土,见图 1-15。

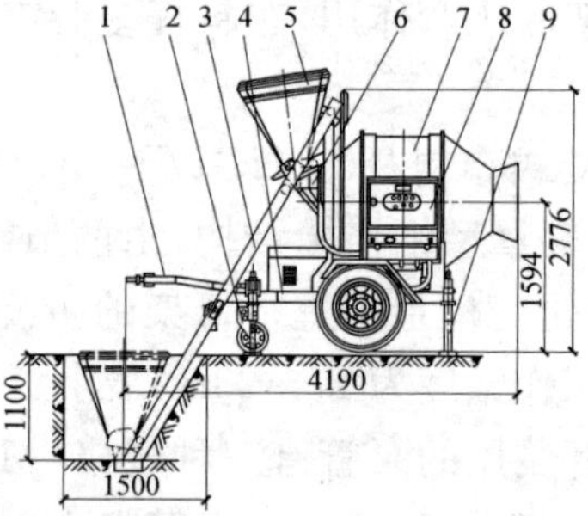

图 1-15 锥形反转出料搅拌机结构外形(单位:mm)

1—牵引架;2—前支轮;3—上料架;4—底盘;5—料斗;

6—中间料斗;7—搅拌筒;8—电器箱;9—支腿

②基本参数。锥形反转出料混凝土搅拌机基本参数见表1-6。

表 1-6 锥形反转出料混凝土搅拌机基本参数

基本参数	型号					
	JZ150	JZ200	JZ250	JZ350	JZ500	JZ750
出料容量(L)	150	200	250	350	500	750
进料容量(L)	240	320	400	560	800	1200
搅拌额定功率(kW)	3	4	4	5.5	10	15
每小时工作循环次数不少于	30	30	30	30	30	30
骨料最大粒径(mm)	60	60	60	60	80	80

(2)锥形倾翻出料混凝土搅拌机。

①特点及用途。锥形倾翻出料混凝土搅拌机的进、出料为一个口,搅拌时锥形搅拌筒轴线具有 15°仰角,出料时搅拌筒向下旋转 50°~60°俯角。这种搅拌机卸料方便,速度快,生产率

高，适用于混凝土搅拌站（楼）作主机使用。

②基本参数。锥形倾翻出料混凝土搅拌机基本参数见表1-7。

表1-7　锥形倾翻出料混凝土搅拌机基本参数

基本参数	型号									
	JF50	JF100	JF150	JF250	JF350	JF500	JF750	JF1000	JF1500	JF3000
出料容量（L）	50	100	150	250	350	500	750	1000	1500	3000
进料容量（L）	80	160	240	400	560	800	1200	1600	2400	4800
搅拌额定功率（kW）	1.5	2.2	3	4	5.5	7.5	11	15	20	40
每小时工作循环次数不少于	30	30	30	30	30	30	30	25	25	20
骨料最大粒径（mm）	40	60	60	60	80	80	120	120	150	250

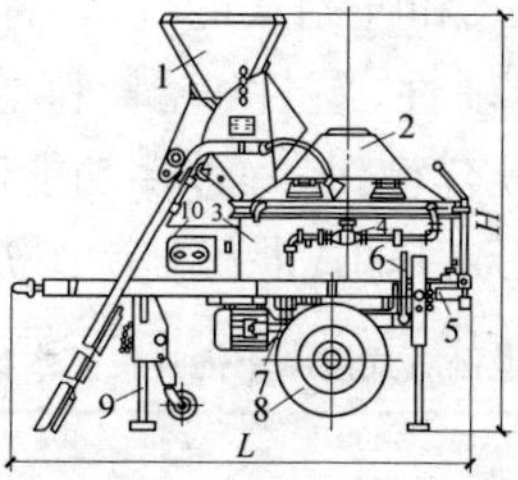

图1-16　立轴强制式（涡桨式）搅拌机结构外形

1—进料装置；2—上罩；3—搅拌筒；4—水表；5—出料口；6—操纵手柄；7—传动装置；8—行走轮；9—支腿；10—电器工具箱

（3）立轴强制式混凝土搅拌机。

①特点及用途。立轴强制式混凝土搅拌机是靠搅拌筒内的涡桨式叶片的旋转将物料挤压、翻转、抛出而进行强制搅拌的，具有搅拌均匀，时间短，密封性好的优点，适用于搅拌干硬混凝土和轻质混凝土，见图1-16。

②基本参数。立轴强制式搅拌机基本参数见表1-8。

表 1-8　立轴强制式搅拌机基本参数

基本参数	型号									
	JW50	JW100	JW150	JW200	JW250	JW350	JW500	JW750	JW1000	JW1500
出料容量(L)	50	100	150	200	250	350	500	750	1000	1500
进料容量(L)	80	160	240	320	400	560	800	1200	1600	2400
搅拌额定功率(kW)	4	7.5	10	13	15	17	30	40	55	80
每小时工作循环次数不少于	50	50	50	50	50	0	50	45	45	45
骨料最大粒径(mm)	40	40	40	40	40	40	60	60	60	80

(4)卧轴强制式混凝土搅拌机。

①特点及用途。卧轴强制式混凝土搅拌机分单卧轴和双卧轴两种。它兼有自落式和强制式的优点，即搅拌质量好，生产率高，耗能少，能搅拌干硬性、塑性、轻骨料等混凝土以及各种砂浆、灰浆和硅酸盐等混合物，是一种多功能的搅拌机械。

②基本参数。单、双卧轴式混凝土搅拌机基本参数见表 1-9。

表 1-9　单、双卧轴式混凝土搅拌机基本参数

基本参数	型号										
	JD50	JD100	JD150	JD200	JD250	JD350 J350	JD500 JS500	JD750 JS750	JD1000 JS1000	JD1500 JS1500	JD3000 JS3000
出料容量(L)	50	100	150	200	250	350	500	750	1000	1500	3000
进料容量(L)	80	160	240	320	400	560	800	1200	1600	2400	4800
搅拌额定功率(kW)	2.2	4	5.5	7.5	10	15	17	22	33	44	95
每小时工作循环次数不小于	50	50	50	50	50	50	50	45	45	45	40
骨料最大粒径(mm)	40	40	40	40	40	40	60	60	60	80	120

4. 混凝土振捣机具

(1)插入式振动器。

插入式振动器分为行星式、偏心式、软轴式、直联式等。利用振动棒产生的振动波捣实混凝土,由于振动棒直接插入混凝土内振捣,效率高,质量好。适用于大面积、大体积的混凝土基础和构件,如柱、梁、墙、板以及预制构件的捣实。其构造见图1-17。

插入式振动器主要技术性能,见表1-10。

表1-10　插入式(内部)振动器主要技术性能

型式	型号	振动棒(器)					软轴软管		电动机	
		直径(mm)	长度(mm)	频率(r/min)	振动力(kN)	振幅(mm)	软轴直径(mm)	软管直径(mm)	功率(kW)	转速(r/min)
电动软轴行星式	ZN25	26	370	15500	2.2	0.75	8	24	0.8	2850
	ZN35	36	422	13000～14000	2.5	0.8	10	30	0.8	2850
	ZN45	45	460	12000	3～4	1.2	10	30	1.1	2850
	ZN50	51	451	12000	5～6	1.15	13	36	1.1	2850
	ZN60	60	450	12000	7～8	1.2	13	36	1.5	2850
	ZN70	68	460	11000～12000	9～10	1.2	13	36	1.5	2850
电动软轴偏心式	ZPN18	18	250	17000		0.4			0.2	11000
	ZPN25	26	260	15000		0.5	8	30	0.8	15000
	ZPN35	36	240	14000		0.8	10	30	0.8	15000
	ZPN50	48	220	13000		1.1	10	30	0.8	15000
	ZPN70	71	400	6200		2.25	13	36	2.2	2850
电动直联式	ZDN80	80	436	11500	6.6	0.8		0.8	11500	
	ZDN100	100	520	8500	13	1.6		1.5	8500	
	ZDN130	130	520	8400	20	2		2.5	8400	

续表

型式	型号	振动棒（器）					软轴软管		电动机	
		直径（mm）	长度（mm）	频率（次/min）	振动力（kN）	振幅（mm）	软轴直径（mm）	软管直径（mm）	功率（kW）	转速（r/min）
风动偏心式	ZQ50	53	350	15000～18000	6	0.44				
	ZQ100	102	600	5500～6200	2	2.58				
	ZQ150	150	800	5000～6000		2.85				
内燃行星式	ZR35	36	425	14000	2.28	0.78	10	30	2.9	3000
	ZR50	51	452	12000	5.6	1.2	13	36	2.9	3000
	ZR70	68	480	12000～14000	9～10	1.8	13	36	2.9	3000

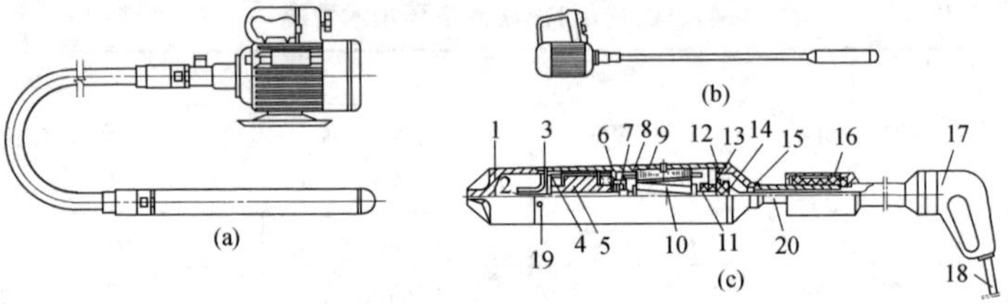

图 1-17 电动插入式振动器

(a)通用型；(b)小型式；(c)直联大型式

1—端塞；2—吸油嘴；3—油盆；4、13—轴承；5—偏心轴；6—油封座；7、11—油封；8—棒壳；9—定子；10—转子；12—轴承座；14—接线盖；15—尾盖；16—减振器；17—手柄；18—引出电缆；19—圆销钉；20—连接杆

插入式振动器使用要点：

①插入式振动器在使用前，应检查各部件是否完好，各连接处是否紧固，电动机绝缘是否良好，电源电压和频率是否符合铭牌规定，检查合格后，方可接通电源进行试运转。

②振动器的电动机旋转时，若软轴不转，振动棒不起振，系电动机旋转方向不对，可调换任意两相电源线即可；若软轴转动，振动棒不起振，可摇晃棒头或将棒头嗑地面，即可起振。当

试运转正常后，方可投入作业。

③作业时，要使振动棒自然沉入混凝土，不可用力猛往下推。一般应垂直插入，并插到下层尚未初凝层中50～100mm，以促使上下层相互结合。

④振捣时，要做到“快插慢拔”。“快插”是为了防止将表层混凝土先振实，和下层混凝土之间发生分层、离析现象；“慢拔”是为了使混凝土能来得及填满振动棒抽出时所形成的空间。

⑤振动棒插入混凝土的位置应均匀排列，一般可采用“行列式”或“交叉式”移动，见图1-18，以防漏振。振动棒每次移动距离不应大于其作用半径的1.5倍（一般为15cm左右）。

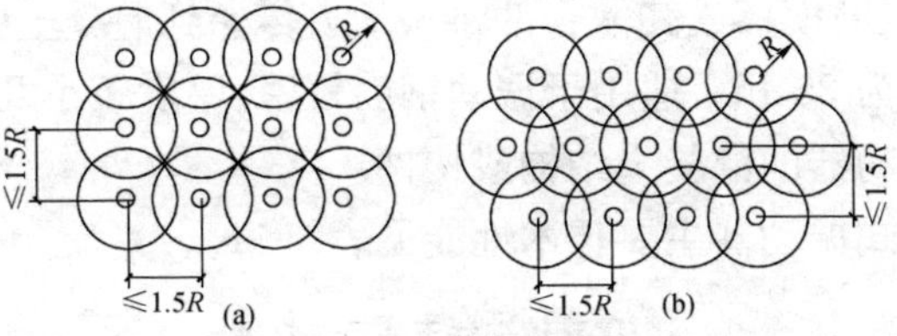

图1-18　振动棒插入及移动位置示意

(a)行列式；(b)交叉式

⑥振动棒在混凝土内振密的时间，一般在每个插点振密20～30s，见到混凝土不再显著下沉，不再出现气泡，表面泛出水泥浆和外观均匀为止。如振密时间过长，有效作用半径虽然能适当增加，但总的生产率反而降低，而且还可能使振动棒附近混凝土产生离析，这对塑性混凝土更为重要。此外，振动棒下部振幅要比上部大，故在振密时，应将振动棒上下抽动5～10cm，使混凝土振密均匀。

⑦作业中要避免将振动棒触及钢筋、芯管及预埋件等，更不可采用通过振动棒振动钢筋的方法来促使混凝土振密，否则就

会因振动而使钢筋位置变动，还会降低钢筋和混凝土之间的黏结力，甚至会发生相互脱离，这对预应力钢筋影响更大。

⑧作业时，振动棒插入混凝土的深度不应超过棒长的2/3～3/4。否则振动棒将不易拔出而导致软管损坏；更不可将软管插入混凝土中，以防砂浆侵蚀及渗入软管而损坏机件。

⑨振动棒在使用中如温度过高，应即停机冷却检查，如机件故障，要及时进行修理。冬期低温下，振动棒作业前，要采取缓慢加温，使棒体内的润滑油解冻后，方可作业。

(2)附着式振动器。

附着式振动器是用螺栓紧固在模板上，当振动器固定在模板外侧，借助模板或其他物件将振动力传递到混凝土中，其振动作用深度为25cm。适用于振动钢筋较密、厚度较小及不宜使用插入式振动器的混凝土结构或构件。

附着式振动器主要技术性能见表1-11。

表1-11　附着式振动器主要技术性能

型号	附着台面尺寸(长×宽)(mm×mm)	空载最大激振力(kN)	空振振动频率(Hz)	偏心力矩(N·cm)	电动机功率(kW)
ZF18-50(ZF1)	215×175	1.0	47.5	10	0.18
ZF55-50	600×400	5	50		0.55
ZF80-50(ZW-3)	336×195	6.3	47.5	70	0.8
ZF100-50(ZW-13)	700×500		50		1.1
ZF150-50(ZW-10)	600×400	5～10	50	50～100	1.5
ZF180-50	560×360	8～10	48.2	170	1.8
ZF220-50(ZW-20)	400×700	10～18	47.3	100～200	2.2
ZF300-50(YZF-3)	650×410	10～20	46.5	220	3

附着式振动器使用要点：

①外部振动器设计时不考虑轴承受轴向力，故在使用时，电动机轴应呈水平状态。

②振动器作业前应进行检查和试运转，试运转时不可在干硬土或硬物体上运转，以免振动器振跳过甚而受损。安装在搅拌站(楼)料仓上的振动器应安置橡胶垫。

③附着式振动器作业时，一般安装在混凝土模板上，每次振动时间不超过1min；当混凝土在模内泛浆流动呈水平状，即可停振。不可在混凝土初凝状态时再振；也不可使周围已初凝的混凝土受振动的影响，以保证质量。

④在一个模板上同时用多台附着式振动器振动时，各振动器的频率必须保持一致；相对面的振动器应交叉安放。

⑤附着式振动器安装在模板上的连接必须牢靠，作业过程中应随时注意防止由于振动而松动，应经常检查和紧固连接螺栓。

⑥在水平混凝土表面进行振捣时，平板式振动器是利用电动机振动所产生的惯性水平分力自行移动的，操作者只要控制移动的方向即可。但必须注意作业时应使振动器的平板和混凝土表面保持接触。

⑦平板振动器的平板和混凝土接触，使振波有效地传递给混凝土，使之振实至表面出浆，即可缓慢向前移动。移动方向应按电动机旋转方向自动地向前或向后，移动速度以能保证振密出浆为准。

⑧在振的振动器不可放在已凝或初凝的混凝土上，以免振伤。

⑨平板振动器作业时，应分层分段进行大面积的振动，移动时应有列有序，前排振捣一段落后可原排返回进行第二次振动

或振动第二排，两排搭接以 5cm 为宜。

⑩振动中移动的速度和次数，应根据混凝土的干硬程度及其浇筑厚度而定；振动的混凝土厚度不超过 20cm 时，振动两遍即可满足质量要求。第一遍横向振动使混凝土振实；第二遍纵向振捣，使表面平整。对于干硬性混凝土可视实际情况，必要时可酌情增加振捣遍数。

(3)平板式振动器。

平板式振动器安装在钢平板或木平板上为平板式，平板式振动器的振动力通过平板传递给混凝土，振动作用的深度较小。适用于面积大而平整的混凝土结构物，如平板、地面、屋面等构件。

平板式振动器主要技术性能见表 1-12。

表 1-12　平板式振动器主要技术性能

型号	振动平板尺寸(长×宽)(mm×mm)	空载最大激振力(kN)	空载振动频率(Hz)	偏心力矩(N·cm)	电动机功率(kW)
ZB55-50	780×468	5.5	47.5	55	0.55
ZB75-50(B-5)	500×400	3.1	47.5	50	0.75
ZB110-50(B-11)	700×400	4.3	48	65	1.1
ZB150-50(B-15)	400×600	9.5	50	85	1.5
ZB220-50(B-22)	800×500	9.8	47	100	2.2
ZB300-50(B-22)	800×600	13.2	47.5	146	3.0

平板式振动器使用要点：参见“附着式振动器”。

(4)振动台。

振动台为固定式。其动力大、体积大，需要有牢固的基础，适用于混凝土制品厂振实批量生产的预制构件。

振动台主要技术性能见表1-13。

表1-13　振动台主要技术性能

型号	载质量(t)	振动台面尺寸(mm×mm)	空载最大激振力(kN)	空载振动频率(Hz)	电动机功率(kW)
ZT0.3(ZT0610)	0.3	600×1000	9	49	1.5
ZT10(ZT1020)	1.0	1000×2000	14.3×30.1	49	7.5
ZT2(ZT1040)	2.0	1000×4000	22.34～48.4	49	7.5
ZT2.5(ZT1540)	2.5	1500×4000	62.48～56.1	49	18.5
ZT3(ZT1560)	3	1500×6000	83.3～127.4	49	22
ZT5(ZT2462)	3.5	2400×6200	147～225	49	55

振动台使用要点：

①振动台应安装在牢固的基础上，地脚螺栓应有足够的强度并拧紧。在基础中间必须留有地下坑道，以方便调整和维修。

②使用前要进行检查和试运转，检查机件是否完好，所有紧固件特别是轴承座螺栓、偏心块螺栓、电动机和齿轮箱螺栓等，必须紧固牢靠。

③振动台不宜在空载状态时作长时间运转。作业中必须安置牢固可靠的模板并锁紧夹具，以保证模板中的混凝土和台面一起振动。

④齿轮因承受高速重负荷，故需有良好的润滑和冷却；齿轮箱油面应保持在规定的水平面上，作业时油温不可超过70℃。

⑤应经常检查各类轴承并定期拆洗更换润滑脂。作业中要注意检查轴承升温情况，发现过热应停机检修。

⑥电动机接地应良好可靠，电源线和线接头应绝缘良好，不可有破损漏电现象。

⑦振动台台面应经常保持清洁平整，使其和模板接触良好。

由于台面在高频重载下振动，容易产生裂纹，必须注意检查，及时修补。

四、混凝土的组成材料

1. 水泥

(1)通用硅酸盐水泥种类及组分。

通用硅酸盐水泥种类及组分见表 1-14。

表 1-14　通用硅酸盐水泥组分

品种	代号	组分(质量分数)				
		熟料＋石膏	粒化高炉矿渣	火山灰质混合材料	粉煤灰	石灰石
硅酸盐水泥	P·Ⅰ	100	—	—	—	—
	P·Ⅱ	≥95	≤5	—	—	—
		≥95	—	—	—	≤5
普通硅酸盐水泥	P·O	≥80 且<95	>5 且≤20①			
矿渣硅酸盐水泥	P·S·A	≥50 且<80	>20 且≤50②	—	—	—
	P·S·B	≥30 且<50	>20 且≤50②	—	—	—
火山灰质硅酸盐水泥	P·P	≥60 且<80	—	>20 且≤40	—	—
粉煤灰硅酸盐水泥	P·F	≥60 且<80	—	—	>20 且≤40	—
复合硅酸盐水泥	P·C	≥50 且<80	>20 且≤50③			

注：①本组分复合材料为粒化高炉矿渣、粒化高炉矿渣粉、粉煤灰、火山灰质混合材料等活性混合材料，其中允许用不超过水泥质量 8%的非活性混合材料或不超过水泥质量 5%的窑灰代替。

②本组分复合材料为粒化高炉矿渣、粒化高炉矿渣粉等活性混合材料，其中允

许用不超过水泥质量8%的活性混合材料、非活性混合材料或窑灰中的任一种材料代替。

③本组分材料为由两种(含)以上的活性混合材料和/或非活性混合材料组成，其中允许用不超过水泥质量8%的窑灰代替。掺矿渣时混合材料掺量不得与矿渣硅酸盐水泥重复。

(2)常用水泥的性能和适用范围。

常用水泥的性能和适用范围，见表1-15。

表1-15　常用水泥的性能及适用范围

水泥品种	主要性能	适用范围
硅酸盐水泥	(1)快硬早强； (2)水化热高； (3)抗冻耐磨性好； (4)耐腐蚀性差； (5)耐水性差； (6)耐热性较差	(1)适用快硬早强工程，配制高强度等级混凝土； (2)不宜用于大体积混凝土工程及受化学侵蚀和压力水作用的结构
普通硅酸盐水泥	(1)早强； (2)水化热较高； (3)抗冻耐磨性较好； (4)耐腐蚀性较差； (5)耐水性较差； (6)耐热性较差	(1)适于地上、地下及水中的混凝土、钢筋混凝土和预应力混凝土，包括受冻融循环及早期强度不求较高的工程； (2)不宜用于大体积及受化学侵蚀和压力水作用的结构
矿渣硅酸盐水泥	(1)早期强度低，但后期强度增长较快； (2)水化热较低； (3)耐热性、耐水性较好； (4)抗硫酸盐侵蚀性强； (5)抗冻性、耐磨性较差； (6)干缩性较大，常有泌水现象	(1)适于地上、地下及水中的混凝土、钢筋混凝土和预应力混凝土结构及抗硫酸盐侵蚀的结构；大体积混凝土；蒸养构件，配制耐热混凝土； (2)不适于对早期强度要求较高的工程；经常受冻融交替作用的工程；在低温环境中硬化的工程

续表

水泥品种	主要性能	适用范围
火山灰质硅酸盐水泥	(1)抗掺性较好; (2)蒸养强度增长较快; (3)耐热性较差; (4)其他和矿渣水泥相同	(1)适于地下和水中的混凝土和钢筋混凝土结构;大体积混凝土和蒸养混凝土;有抗渗要求的混凝土; (2)不适于受反复冻融及干湿变化作用的结构;处于干燥环境中的结构;对早期要求强度较高结构
粉煤灰硅酸盐水泥	(1)干缩性较小; (2)和易性较好; (3)抗炭化能力较差; (4)其他和矿渣水泥相同	(1)适于地上、地下和水中的混凝土、钢筋混凝土结构,抗硫酸盐侵蚀和大体积混凝土结构; (2)不适于对早期要求强度较高的结构

2. 骨料

骨料又称集料,是混凝土的主要组成材料之一。粒径在5mm以上者称粗骨料,5mm以下者称细骨料。普通混凝土用粗骨料为碎石和卵石(统称石子),细骨料为砂。粗骨料在混凝土中堆聚成紧密的构架,细骨料与水泥混合成砂浆填充构架的空隙。粗细骨料在混凝土中起骨架作用。

(1)细骨料技术要求。

细骨料(砂)的技术要求见表1-16。

表1-16　混凝土用砂的技术要求

项目		指标		
		Ⅰ类	Ⅱ类	Ⅲ类
天然砂的含泥量和泥块含量	含泥量(按质量计,%)	<1.0	<3.0	<5.0
	泥块含量(按质量计,%)	0	<1.0	<2.0

续表

项目			指标		
			Ⅰ类	Ⅱ类	Ⅲ类
人工砂的石粉和泥块含量（亚甲蓝试验）	*MB* 值<1.40或合格	石粉含量（按质量计，%）	<3.0	<5.0	<7.0
		泥块含量（按质量计，%）	0	<1.0	<2.0
	MB 值<1.40或不合格	石粉含量（按质量计，%）	<1.0	<3.0	<5.0
		泥块含量（按质量计，%）	0	<1.0	<2.0
有害物质	云母（按质量计，%）		<1.0	<2.0	<2.0
	轻物质（按质量计，%）		<1.0	<1.0	<1.0
	有机物（比色法）		合格	合格	合格
	硫化物及硫酸盐（按 SO_2 质量计，%）		<0.5	<0.5	<0.5
	氧化物（以氯离子质量计，%）		<0.01	<0.02	<0.06
坚固性指标	质量损失/（%）		<8	<8	<10
	单级最大压碎指标/（%）		<20	<25	<30
表观密度			$>2500kg/m^3$		
堆积密度			$>1350kg/m^3$		
空隙率			<47%		
碱集料反应			在规定的试验龄期膨胀率应小于0.10%		

（2）粗骨料技术要求。

粗骨料（卵石、碎石）的技术要求见表1-17。

表1-17 混凝土用卵石、碎石的技术要求

项目		指标		
		Ⅰ类	Ⅱ类	Ⅲ类
含泥量（按质量计，%）		<0.5	<1.0	<1.5
泥块含量（按质量计，%）		0	<0.5	<0.7
针片状颗粒（按质量计，%）		<5	<15	<25
有害物	有机物	合格	合格	合格
	硫化物及硫酸盐（按 SO_2 质量计，%）	<0.5	<1.0	<1.0

续表

项目		指标		
		Ⅰ类	Ⅱ类	Ⅲ类
质量损失(%)		<5	<8	<12
压碎指标	碎石压碎指标	<10	<20	<30
	卵石压碎指标	<12	<16	<16
表观密度		>2500kg/m^3		
堆积密度		>1350kg/m^3		
空隙率		<47%		

3. 混凝土用水

(1)混凝土拌和用水质量要求。

混凝土拌和用水的质量见表1-18。

表1-18 混凝土拌和用水的质量要求

项目	预应力混凝土	钢筋混凝土	素混凝土
pH值	≥5.0	≥4.5	≥4.5
不溶物(mg/L)	≤2000	≤2000	≤5000
可溶物(mg/L)	≤2000	≤5000	≤10000
Cl^-(mg/L)	≤500	≤1200	≤3500
SO_4^{2-}(mg/L)	≤600	≤2700	≤2700
碱含量	≤1500	≤1500	≤1500

注：使用钢丝或热处理钢筋的预应力混凝土，氯离子含量不得超过350mg/L。

(2)混凝土拌和用水选择。

①混凝土拌和用水不应有漂浮明显的油脂和泡沫，不应有明显的颜色和异味。

②混凝土企业设备洗刷水不宜用于预应力混凝土、装饰混凝土、加气混凝土和暴露于腐蚀环境的混凝土；不得用于使用碱

活性或潜在碱活性骨料的混凝土。

③未经处理的海水严禁用于钢筋混凝土和预应力混凝土。

④在无法获得水源的情况下,海水可用于素混凝土,但不宜用于装饰混凝土。

4.混凝土外加剂

外加剂又称附加剂,即在混凝土、砂浆或水泥浆搅拌之前或搅拌时加入的,能按要求改善混凝土、砂浆或水泥浆性能的材料。掺入量一般不大于水泥质量的5%。

(1)外加剂的作用。

①可改善混凝土的和易性:如使用减水剂、引气剂等,可使混凝土在配合比和强度都不变的情况下,大大提高其流动性,以利于机械化施工,提高工程质量,减轻劳动强度。

②调节混凝土凝结硬化的速度:如加入早强剂,可缩短混凝土养护的时间,以便提前拆除模板和预应力钢筋的放张,缩短工期;而加入缓凝剂则可延缓混凝土的凝结时间,可使在高温下施工的混凝土保持良好的和易性;在大体积混凝土中使用缓凝剂可延长水化热的释出时间,以避免其产生表面裂缝等。

③调节混凝土内的空气含量:如使用引气剂可使混凝土增加适当的含气量,使用消泡剂可减少混凝土内的含气量,使用加气剂可制得轻质多孔的混凝土等。

④改善混凝土的物理力学性能:如使用引气剂可提高混凝土的抗冻性、抗渗性、抗裂性,使用抗冻剂可保证混凝土在0℃以下的低温环境中正常凝结硬化,防水剂可使混凝土在一定压力水作用下具有不透水的性能等。

⑤提高混凝土内钢筋的耐蚀性:如使用阻锈剂可使钢筋在有氯盐的情况下免于锈蚀。

(2)普通减水剂及高效减水剂。

①普通减水剂及高效减水剂可用于素混凝土、钢筋混凝土、预应力混凝土，并可制备高强高性能混凝土。

②普通减水剂宜用于日最低气温5℃以上施工的混凝土，不宜单独用于蒸养混凝土；高效减水剂宜用于日最低气温0℃以上施工的混凝土。

③当掺用含有木质素磺酸盐类物质的外加剂时应先做水泥适应性试验，合格后方可使用。

(3)引气剂及引气减水剂。

①引气剂及引气减水剂可用于抗冻混凝土、抗渗混凝土、抗硫酸盐混凝土、泌水严重的混凝土、贫混凝土、轻骨料混凝土、人工骨料配制的普通混凝土、高性能混凝土以及有饰面要求的混凝土。

②引气剂、引气减水剂不宜用于蒸养混凝土及预应力混凝土，必要时，应经试验确定。

③混凝土含气量的试验应采用工程实际使用的原材料和配合比，有抗冻融要求的混凝土含气量应根据混凝土抗冻等级和粗骨料最大公称粒径等经试验确定，但不宜超过表1-19规定的含气量。

表1-19 掺引气剂或引气减水剂混凝土含气量限值

粗骨料最大公称粒径(mm)	混凝土含气量限值(%)
10	7.0
15	6.0
20	5.5
25	5.0
40	4.5

注：表中含气量，C50、C55混凝土可降低0.5%，C60及C60以上混凝土可降低1%，但不宜低于3.5%。

(4)缓凝剂、缓凝减水剂及缓凝高效减水剂。

①缓凝剂、缓凝减水剂及缓凝高效减水剂可用于大体积混凝土、碾压混凝土、炎热气候条件下施工的混凝土、大面积浇筑的混凝土、避免冷缝产生的混凝土、需较长时间停放或长距离运输的混凝土、自流平免振混凝土、滑模施工或拉模施工的混凝土及其他需要延缓凝结时间的混凝土;缓凝高效减水剂可制备高强高性能混凝土。

②缓凝剂、缓凝减水剂及缓凝高效减水剂宜用于日最低气温5℃以上施工的混凝土,不宜单独用于有早强要求的混凝土及蒸养混凝土。

③柠檬酸及酒石酸钾钠等缓凝剂不宜单独用于水泥用量较低、水灰比较大的贫混凝土。

④当掺用含有糖类及木质素磺酸盐类物质的外加剂时应先做水泥适应性试验,合格后方可使用。

⑤使用缓凝剂、缓凝减水剂及缓凝高效减水剂施工时,宜根据温度选择品种并调整掺量,满足工程要求方可使用。

(5)早强剂及早强减水剂。

①早强剂及早强减水剂适用于蒸养混凝土及常温、低温和最低温度不低于－5℃环境中施工的有早强要求的混凝土工程。炎热环境条件下不宜使用早强剂、早强减水剂。

②掺入混凝土后对人体产生危害或对环境产生污染的化学物质严禁用作早强剂。含有六价铬盐、亚硝酸盐等有害成分的早强剂严禁用于饮水工程及与食品相接触的工程。硝铵类严禁用于办公、居住等建筑工程。

③下列结构中严禁采用含有氯盐配制的早强剂及早强减水剂:

a.预应力混凝土结构。

b. 相对湿度大于 80%环境中使用的结构、处于水位变化部位的结构、露天结构及经常受水淋、受水流冲刷的结构。

c. 大体积混凝土。

d. 直接接触酸、碱或其他侵蚀性介质的结构。

e. 经常处于温度为 60℃以上的结构,需经蒸养的钢筋混凝土预制构件。

f. 有装饰要求的混凝土,特别是要求色彩一致的或是表面有金属装饰的混凝土。

g. 薄壁混凝土结构,中级和重级工作制吊车的梁、屋架、落锤及锻锤混凝土基础等结构。

h. 使用冷拉钢筋或冷拔低碳钢丝的结构。

i. 骨料具有碱活性的混凝土结构。

④在下列混凝土结构中严禁采用含有强电解质无机盐类的早强剂及早强减水剂:

a. 与镀锌钢材或铝铁相接触部位的结构,以及有外露钢筋预埋铁件而无防护措施的结构。

b. 使用直流电源的结构以及距高压直流电源 100m 以内的结构。

⑤含钾、钠离子的早强剂用于骨料具有碱活性的混凝土结构时,早强剂的碱含量(以当量氧化钠计)不宜超过1kg/m^3混凝土,混凝土总碱含量还应符合有关标准的规定。

⑥常用早强剂掺量应符合表 1-20 的规定。

(6)防冻剂。

①含强电解质无机盐的防冻剂用于混凝土中,必须符合第(4)项的相关规定。

②含亚硝酸盐、碳酸盐的防冻剂严禁用于预应力混凝土结构。

表 1-20 常用早强剂掺量限值

混凝土种类	使用环境	早强剂名称	掺量限值（水泥重量%，≤）
预应力混凝土	干燥环境	三乙醇胺	0.05
		硫酸钠	1.0
钢筋混凝土	干燥环境	氯离子[Cl^-]	0.6
		硫酸钠	2.0
钢筋混凝土	干燥环境	与缓凝减水剂复合的硫酸钠	3.0
		三乙醇胺	0.05
	潮湿环境	硫酸钠	1.5
		三乙醇胺	0.05
有饰面要求的混凝土	—	硫酸钠	0.8
素混凝土	—	氯离子[Cl^-]	1.8

注：预应力混凝土及潮湿环境中使用的钢筋混凝土中不得掺氯盐早强剂。

③含有六价铬盐、亚硝酸盐等有害成分的防冻剂，严禁用于饮水工程及与食品相接触的工程，严禁食用。

④含有硝铵、尿素等产生刺激性气味的防冻剂，严禁用于办公、居住等建筑工程。

⑤强电解质无机盐防冻剂带入混凝土的碱含量(以当量氧化钠计)不得超过 $1kg/m^3$。

⑥有机化合物类防冻剂可用于素混凝土、钢筋混凝土及预应力混凝土工程。

⑦有机化合物与无机盐复合防冻剂及复合型防冻剂可用于素混凝土、钢筋混凝土及预应力混凝土工程。

⑧对水工、桥梁及有特殊抗冻融性要求的混凝土工程，应通过试验确定防冻剂品种及掺量。

(7)膨胀剂。

①膨胀剂的适用范围应符合表1-21的规定。

表1-21　膨胀剂的适用范围

用途	适用范围
补偿收缩混凝土	地下、水中、海水中、隧道等构筑物,大体积混凝土(除大坝外),配筋路面和板、屋面与厕浴间防水、构件补强、渗漏修补、预应力混凝土、回填槽等
填充用膨胀混凝土	结构后浇带、隧洞堵头、钢管与隧道之间的填充等
灌浆用膨胀砂浆	机械设备的底座灌浆、地脚螺栓的固定、梁柱接头、构件补强、加固等
自应力混凝土	仅用于常温下使用的自应力钢筋混凝土压力管

②含硫铝酸钙类、硫铝酸钙-氧化钙类膨胀剂的混凝土(砂浆)不得用于长期环境温度为80℃以上的工程。

③含氧化钙类膨胀剂配制的混凝土(砂浆)不得用于海水或有侵蚀性水的工程。

④掺膨胀剂的混凝土适用于钢筋混凝土工程和填充性混凝土工程。

⑤掺膨胀剂的大体积混凝土,其内部最高温度应符合有关标准的规定,混凝土内外温差宜小于25℃。

⑥掺膨胀剂的补偿收缩混凝土刚性屋面宜用于南方地区,其设计、施工应按《屋面工程质量验收规范》(GB 50207—2012)执行。

⑦掺膨胀剂的混凝土的配合比设计应符合下列规定:

a.胶凝材料最少用量(水泥、膨胀剂和掺和料的总量)应符合表1-22的规定:

表1-22　胶凝材料最少用量

膨胀混凝土种类	胶凝材料最少用量(kg/m^3)
补偿收缩混凝土	300
填充用膨胀混凝土	350
自应力混凝土	500

b. 水胶比不宜大于0.5。

c. 用于有抗渗要求的补偿收缩混凝土的水泥用量应不小于$320kg/m^3$，当掺入掺和料时，其水泥用量不应小于$280kg/m^3$。

d. 补偿收缩混凝土的膨胀剂掺量不宜大于12%，不宜小于6%；填充用膨胀混凝土的膨胀剂掺量不宜大于15%，不宜小于10%。

e. 以水泥和膨胀剂为胶凝材料的混凝土：设基准混凝土配合比中水泥用量为m_{C0}、膨胀剂取代水泥率为K，膨胀剂用量$m_E=m_{C0}\cdot K$、水泥用量$m_C=m_{C0}-m_E$。

f. 以水泥、掺和料和膨胀剂为胶凝材料的混凝土：设膨胀剂取代胶凝材料率为K、设基准混凝土配合比中水泥用量为$m_{C'}$和掺和料用量为$m_{F'}$，膨胀剂用量$m_E=(m_{C'}+m_{F'})\cdot K$、掺和料用量$m_F=m_{F'}(1-K)$、水泥用量$m_C=m_{C'}(1-K)$。

(8)泵送剂。

混凝土原材料中掺入泵送剂，可以配制出不离析泌水，黏聚性、和易性、可泵性好，具有一定含气量和缓凝性能的大坍落度混凝土，硬化后混凝土有足够的强度，满足多项物理力学性能要求。泵送剂可用于高层建筑、市政工程、工业民用建筑及其他构筑物混凝土的泵送施工。由于泵送混凝土具有缓凝性能，亦可用于大体积混凝土、滑模施工混凝土。

水下灌注桩混凝土要求坍落度在180～220mm之间，亦可用泵送剂配制。

泵送剂亦可用于现场搅拌混凝土及非泵送的混凝土。

目前，我国的泵送剂中氯离子含量大都不大于 0.5%或不大于 1.0%，由泵送剂带入混凝土中的氯化物含量是极微的，因此泵送剂适用于钢筋混凝土和预应力混凝土。混凝土中氯化物（以 Cl^- 计）总含量的最高限值应执行《预拌混凝土》(GB/T 14902—2012）标准的规定。

(9)防水剂。

①防水剂可用于工业与民用建筑的屋面、地下室、隧道、巷道、给排水池、水泵站等有防水抗渗要求的混凝土工程。

②含氯盐的防水剂可用于素混凝土、钢筋混凝土工程，严禁用于预应力混凝土工程。

(10)速凝剂。

①速凝剂主要用于地下工程支护，还广泛用于建筑薄壳屋顶、水池、预应力油罐、边坡加固、深基坑护壁及热工窑炉的内衬、修复加固等的喷射混凝土，也可用于需要速凝的如堵漏用混凝土。

②速凝剂掺量一般为 2%～8%，掺量可随速凝剂品种、施工温度和工程要求适当增减。

5. 掺和料

掺和料是指用量多、影响混凝土配合比设计的材料，一般掺量为水泥质量的 5%以上。掺和料分为活性掺和料和非活性掺和料。

(1)活性掺和料。

活性掺和料是指含活性的二氧化硅和三氧化二铝的掺和料，它参与水泥的水化反应。

①作用。

a. 利用活性掺和料的特性，改善混凝土的性能。

b. 提高混凝土的塑性。

c. 调节混凝土的强度。

d. 可使高强度等级水泥配制低等级混凝土（如掺粉煤灰），或提高混凝土强度，配制高等级混凝土（如掺硅灰），节约水泥等。

②种类。

a. 粒化高炉矿渣：为高炉冶炼铸铁时所得的以硅酸钙和硅酸铝为主要成分的熔融物，经淬冷而成的多孔性粒状物质。

b. 粉煤灰：从燃烧煤粉的烟道收集的灰色粉末。

c. 火山灰质材料：以氧化硅、氧化铝为主要成分的矿物质或人造物质。天然的有火山灰、凝灰岩、浮石、沸石岩等；人工的有经煅烧的烧页岩、烧黏土、煤灰渣等。

d. 硅灰（又称硅粉）：是生产硅铁或硅钢时产生的烟尘，主要成分为二氧化硅。

③适用范围。掺和料的适用范围见表1-23。

表1-23 掺和料的适用范围

工程项目	适用的掺和料
大体积混凝土工程	火山灰质材料、粉煤灰
抗渗工程	火山灰质材料
抗软水、硫酸盐介质腐蚀的工程	粒化高炉渣、火山灰质材料、粉煤灰
经常处于高温环境的工程	粒化高炉矿渣
高强混凝土	硅灰

(2)粉煤灰。

①粉煤灰的技术条件，见表1-24。

表 1-24　粉煤灰的技术条件

序号	项目	级别、指标不大于(%)		
		Ⅰ	Ⅱ	Ⅲ
1	细度(0.08mm 筛孔、筛余)	5	8	25
2	烧失量	5	8	15
3	需水比	95	105	115
4	二氧化硅	3	3	3
5	含水率	1	1	1

注:1. 烧失量:粉煤灰中未燃烧的煤粉的量;
2. 需水比:掺 30%粉煤灰的硅酸盐水泥胶砂与硅酸盐水泥胶砂需水量之比。

②粉煤灰在混凝土中的作用。

a. 强度等级:影响水泥强度的因素很多,除水泥的活性外,主要与粉煤灰的质量及掺量有关,其中又以粉煤灰的细度最为重要。经过试验得出的结论是:掺粉煤灰的混凝土早期强度低,后期高,当掺入 30%不同细度的粉煤灰时,其细度越细,标准稠度需水量越少,强度等级越高。

b. 和易性好:掺粉煤灰的混凝土,和易性比普通混凝土好,具有较大的坍落度和良好的工作性能。

c. 抗渗性好:掺入粉煤灰后,混凝土在硬化过程中,能生成难溶于水的水化硅酸钙和水化铝酸钙。因此,掺入适量合格的粉煤灰混凝土具有较好的抗渗性能。

d. 耐久性能好:掺入粉煤灰的混凝土,由于水泥水化生成的氢氧化钙为不溶性化合物,因而增大了抗硫酸盐侵蚀的能力。

e. 水化热低:由于用粉煤灰置换了一部分的水泥,混凝土在硬化过程中产生水化热的速度将得以缓和,单位时间内的发热量减少了。

③使用粉煤灰混凝土的注意事项。

a. 掺粉煤灰的混凝土必须进行试配，不可随意套用配合比，粉煤灰的掺入量为水泥量的15%～25%。

b. 粉煤灰与水泥密度相差悬殊，所以应用强制式搅拌机进行搅拌，并延长搅拌时间。

c. 掺粉煤灰的混凝土早期强度低，后期强度高，抗碳化能力差，因此需适当降低水灰比，可掺减水剂、早强剂，以提高混凝土的密实度和早期强度。

d. 将构件多放一些时间，使粉煤灰的活性充分发挥，以利提高构件的强度。

e. 由于掺粉煤灰的混凝土后期强度将提高，构件如能在厂里存放较长的时间，如存放6个月，粉煤灰的活性得到充分发挥，检验强度增加20%，那么就可在设计混凝土配合比时适当降低混凝土的等级，使之硬化6个月后的强度与设计等级相等，以节省水泥。

f. 因掺粉煤灰的混凝土泌水性较大，所以初期必须加强养护，防止产生表面裂缝，影响构件的强度，也可用适当的温度蒸养。

g. 因在低温下强度增长缓慢，所以冬期施工不宜采用。

(3)非活性材料。

常用作填充性混合材料，主要作用是调节水泥强度等级和混凝土的流动性，或节约水泥，且不改变水泥的主要性质。

通常采用石英砂、石灰岩等不显著提高需水性的材料磨细而成。使用时应检验硫酸和硫化物含量，折算成三氧化硫不得超过3%。

混凝土等级高于C30时，不宜掺用混合材料，使用时可将混合材料与水泥同时加入搅拌，并延长搅拌时间60s。

第 2 部分　混凝土工岗位操作技能

一、混凝土浇筑施工

1. 混凝土浇筑施工准备

(1)技术准备。

①熟悉施工对象。对施工对象的熟悉可从图纸、预算、合同等技术文件中得到,也要通过图纸会审、设计交底、施工交底、现场考察等形式熟悉。混凝土工程施工是多工种协同工作的过程,了解施工对象、了解施工全局是必要的。

②熟悉施工条件。熟悉施工条件就是要知道自身的施工技术装备条件、自身的组织能力、协调能力、管理能力,主观客观相适应才能顺利完成任务。

(2)材料、机具、人工的准备。

①材料落实。混凝土的组成材料要一一落实。主要是检查其质量是否符合规定、品种及规格是否与试验配合比相同,数量是否满足要求。

②机具落实。机具设备主要检查其运转是否正常,应该储备一定的易耗件,必要时要备用一定数量的机具,一般情况下应该进行试车,确保能连续运转,方能开工。

一般混凝土班组都配备一定数量的工具,应根据工程任务情况对工具作适当的调整与补充。

充分发挥机具的效能,以减轻工人的劳动强度和提高工效。

③人工落实。人工的数量主要依据劳动定额或施工定额计

算出来。在施工准备阶段也要根据流水段计算出分段人数，若是等量分段可以每段配备相等的人数，不等量分段应调整人数，因为混凝土的接槎和施工缝在部位上有一定要求，人数应与其相对应。大体积混凝土的连续施工一般是三班制，每班应该配备相应的人数。

在工人班组中，技术等级和操作经验是不同的，施工组织者对此应有所了解，尤其浇筑重要部位和构件，应指定技术等级高的工人把关，并对浇筑工序中前台后台安排负责人，例如有人负责配合比的正确性、有人负责混凝土的运输、有人负责入模、有人负责振捣、有人专门负责预埋件和预留孔洞等。

在混凝土施工中，要有一定数量的配合作业者，例如，看钢筋的、看模板的、维修电工、机械工、司机、试验工等。施工组织者必须事先做出安排，要做到分工明确，大力协同，各司其职。

④混凝土的试配。混凝土的配合比是混凝土本身质量好坏的内部因素。配合比的选择应满足强度等级要求，也要满足施工的和易性要求，有的还要满足抗冻性、抗渗性等耐久性和特殊性的要求，在满足这些要求的基础上，应遵循合理使用材料、节省水泥的原则。

普通混凝土的配合比，应通过试配确定；试验室配出的混凝土配合比，应考虑与现场实际施工条件的差异。

混凝土的配合比设计和试配，实质上就是确定四项材料用量之间的三个对比关系：即水与水泥之间的对比关系，用水灰比（即水与水泥用量的质量比）来表示；砂与石之间的对比关系，用砂率（即砂的质量占砂石总质量的百分数）来表示；水泥浆与骨料之间的对比关系，用单位用水量（即 $1m^3$ 混凝土的用水量）来表示。水灰比、砂率、单位用水量是混凝土配合比的三个重要参数。

（3）交接检查。

在混凝土施工准备工作中，交接检查是重要内容之一，交接检查是“三检制”（自检、互检、专检）中的互检。

互检是生产工人之间对生产加工的产品相互进行检验，这里主要是指下道工序对上道工序的检查，通过交接检查可以避免由于自检所没有发现的差错，影响下一工序，并把差错消除在专职检查人员检验之前，对提高产品质量有积极作用。交接检查对混凝土工程有着特殊意义，浇筑混凝土的前道工序一般有两个，即模板和钢筋，它们如果出了差错，会影响到混凝土工程的质量。例如，模板的轴线位移，缝隙过大，预留孔洞或预埋件的丢失或位移等等，这些差错应纠正在混凝土浇筑之前。

（4）钢筋混凝土保护层要求。

受力钢筋的混凝土保护层最小厚度（从钢筋的外边缘算起）见表 2-1，且不应小于受力钢筋的直径。

表 2-1　受力钢筋混凝土保护层最小厚度　（单位：mm）

环境条件	构件类别	混凝土强度等级		
		≤C20	C25 及 C30	≥C35
室内正常环境	板、墙、壳	15		
	梁和柱	25		
露天或室内高湿度环境	板、墙、壳	35	25	15
	梁和柱	45	35	25

注：1. 处于室内正常环境中，由工厂生产的预制构件，当混凝土强度等级不低于 C20 时，其保护层厚度可按表中规定减小 5mm，但预制构件中的预应力钢筋（包括冷拔低碳钢丝）的保护层厚度不应小于 15mm；处于露天或室内高湿度环境的预制构件，当表面另做水泥砂浆抹面层且有质量保证措施时，保护层厚度可按表中室内正常环境中构件的数值采用。

2. 预制钢筋混凝土受弯构件，钢筋端头的保护层厚度宜为 10mm；预制的肋形板，其主肋的保护层厚度可按梁考虑；板、墙、壳中分布钢筋的保护层厚度不应小于10mm；梁、柱中箍筋和构造筋的保护层厚度不应小于15mm。

3. 处于露天或室内高湿度环境中的结构，其混凝土强度等级不宜低于C25。当非主要承重构件的混凝土强度等级采用C20时，其保护层厚度可按表中C25的规定值取用。

4. 要求使用年限较长的重要建筑物和受沿海环境侵蚀的建筑物的承重结构，当处于露天或室内高湿度环境时，其保护层应适当增加；有防火要求的建筑物，其保护层厚度尚应符合国家现行有关防火规范的规定。

2. 混凝土搅拌

(1)基本要求。

搅拌混凝土前，加水空转数分钟，将积水倒净，使拌筒充分润湿。搅拌第一盘时，考虑到筒壁上的砂浆损失，石子用量应按配合比规定减半。

搅拌好的混凝土要做到基本卸尽，在全部混凝土卸出之前不得再投入拌和料，更不得采取边出料边进料的方法。严格控制水灰比和坍落度，未经试验人员同意不得随意加减用水量。

(2)材料配合比。

严格掌握混凝土材料配合比，在搅拌机旁挂牌公布，便于检查。

混凝土原材料按质量计的允许偏差，不得超过下列规定：

①水泥、外加掺和料：±2%。

②粗细骨料：±3%。

③水、外加剂溶液：±2%。

各种衡器应定时校验，并经常保持准确。骨料含水率应经常测定。雨天施工时，应增加测定次数。

(3)搅拌装料顺序。

石子→水泥→砂，每盘装料数量不得超过搅拌筒标准容量的10%。

①在每次用搅拌机拌和第一罐混凝土前，应先开动搅拌机空车运转，运转正常后，再加料搅拌。

②拌第一罐混凝土时，宜按配合比多加入10%的水泥、水、细骨料的用量；或减少10%的粗骨料用量，使富裕的砂浆布满鼓筒内壁及搅拌叶片，防止第一罐混凝土拌和物中的砂浆偏少。

③在每次用搅拌机开拌之始，应注意监视与检测开拌初始的前二、三罐混凝土拌和物的和易性。如不符合要求时，应立即分析情况并处理，直至拌和物的和易性符合要求，方可持续生产。

④当开始按新的配合比进行拌制或原材料有变化时，亦应注意开盘鉴定与检测工作。

⑤搅拌时间。从原料全部投入搅拌机筒时起，至混凝土拌和料开始卸出时止，所经历的时间称作搅拌时间。

通过充分搅拌，应使混凝土的各种组成材料混合均匀，颜色一致。高强度等级混凝土、干硬性混凝土更应严格执行。搅拌时间随搅拌机的类型及混凝土拌和料和易性的不同而异。在生产中，应根据混凝土拌和料要求的均匀性、混凝土强度增长的效果及生产效率几种因素，规定合适的搅拌时间。混凝土搅拌的最短时间，见表2-2规定。

表2-2　**混凝土搅拌的最短时间**　（单位：s）

混凝土坍落度（mm）	搅拌机类型	搅拌机容积（L）		
		小于250	250～500	大于500
小于或等于30	自落式	90	120	150
	强制式	60	90	120
大于30	自落式	90	90	120
	强制式	60	60	90

注：掺有外加剂时，搅拌时间应适当延长。

⑥在拌和掺有掺和料(如粉煤灰等)的混凝土时,宜先以部分水、水泥及掺和料在机内拌和后,再加入砂、石及剩余水,并适当延长拌和时间。

⑦使用外加剂时,应注意检查核对外加剂品名、生产厂名、牌号等。

使用时一般宜先将外加剂制成外加剂溶液,并预加入拌用水中,当采用粉状外加剂时,也可采用定量小包装外加剂另加载体的掺用方式。

当用外加剂溶液时,应经常检查外加剂溶液的浓度,并应经常搅拌外加剂溶液,使溶液浓度均匀一致,防止沉淀。溶液中的水量,应包括在拌和用水量内。

⑧混凝土用量不大、而又缺乏机械设备时,可用人工拌制。

拌制一般应用铁板或包有白铁皮的木拌板上进行操作,如用木制拌板时,宜将表面刨光,镶拼严密,使不漏浆。

拌和要先干拌均匀,再按规定用水量随加水随湿拌至颜色一致,达到石子与水泥浆无分离现象为准。当水灰比不变时,人工拌制要比机械搅拌多耗10%～15%的水泥。

⑨雨期施工期间要经常测粗细骨料的含水量,随时调整用水量和粗细骨料的用量。

⑩夏季施工时砂石材料尽可能加以遮盖,至少在使用前不受烈日曝晒,必要时可采用冷水淋洒,使其蒸发散热。

⑪冬期施工要防止砂石材料表面冻结,并应清除冰块。

3. 混凝土运输

混凝土运输应符合下列要求:

(1)不分层离析。混凝土水平运输时,路要平,避免漏浆和散失水分;当垂直下落高度较大时,用溜槽、串筒。如果出现离析,浇筑前需二次搅拌。

(2)有足够的坍落度。一般要求见表 2-3。

表 2-3　　混凝土运输的坍落度要求　　(单位:mm)

结构类型	坍落度
垫层、无筋或少筋的厚大结构	10～30
板、梁、大中型截面柱	30～50
配筋密列结构(筒仓、薄壁、细柱)	50～70
配筋特密结构	70～90

(3)缩短运输时间,减少转运次数。浇捣在初凝前完成。从卸出至浇完的时间限定见表 2-4。

表 2-4　　混凝土从搅拌机中卸出后到浇筑完毕的延续时间　　(单位:min)

混凝土强度等级	气温	
	<25℃	≥25℃
≤C30	120	90
>C30	90	60

(4)混凝土的运输要保证连续浇筑的供应。

(5)保证运输器具严密、光洁,不漏浆,不吸水,经常清理。

4. 独立基础的混凝土浇筑

常见的独立基础有桩基承台、柱基础、小型设备基础等。按形状分台阶式基础和杯形基础,其浇筑工艺基本相同。

独立基础浇筑的操作工艺顺序:浇筑前的准备工作→混凝土的灌注→振捣→基础表面的修整→混凝土的养护→模板的拆除。

(1)浇筑前的准备工作。

①浇筑前,必须对模板安装的几何尺寸、标高、轴线位置进

行检查,是否与设计相一致。

②检查模板及支撑的牢固程度,严禁边加固边浇筑。模板拼接的缝隙是否漏浆。

③基础底部钢筋网片下的保护层垫块应铺垫正确,对于有垫层的钢筋保护层为35mm,无垫层的保护层厚度为70mm。

④清除模板内的木屑、泥土等杂物,混凝土垫层表面要清洗干净,不留积水。木模板应浇水充分湿润。

⑤基础周围做好排水准备工作,防止施工水、雨水流入基坑或冲刷新浇筑的混凝土。

(2)操作技巧。

①对只配置钢筋网片的基础,可先浇筑保护层厚度的混凝土,再铺钢筋网片。这样保证底部混凝土保护层的厚度,防止地下水腐蚀钢筋网,提高耐久性。在铺完钢筋网的同时,应立即浇筑上层混凝土,并加强振捣,保证上下层混凝土紧密结合。

②当基础钢筋网片或柱钢筋相连时,应采用拉杆固定性的钢筋,避免位移和倾斜,保证柱筋的保护层厚度。

③浇筑次序:先浇钢筋网片底部,再浇边角;每层厚度视振捣工具而定。同时应注意各种预埋件和杯形基础或设备基础预埋螺栓模板底的标高,以便于安装模板或预埋件。

④继续浇筑时应先浇筑模板或预埋件周边的混凝土,使它们定位后再浇筑其他。

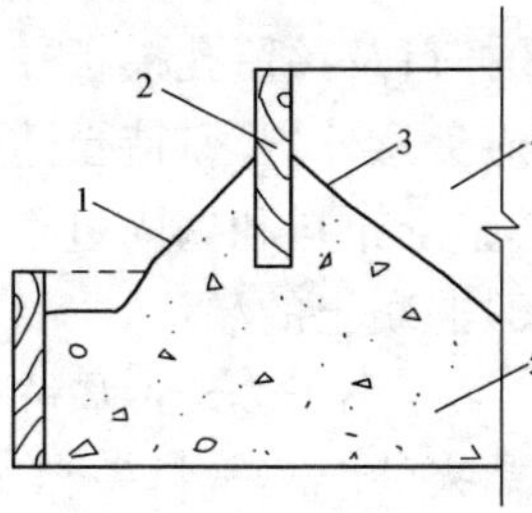

图2-1　台阶式基础浇筑方法

1—外坡;2—模板;3—内坡;4—后浇混凝土;5—已浇混凝土

⑤如为台阶式基础,浇筑时注意阴角位的饱满,见图2-1,先在分级模板两侧将混凝土浇

筑成坡状，然后再振捣至平正。

⑥如为杯形基础或有预埋螺栓模板的设备基础，为防止杯底或螺栓模板底出现空鼓，可在杯底或螺栓模板底预钻出排气孔，见图 2-2。

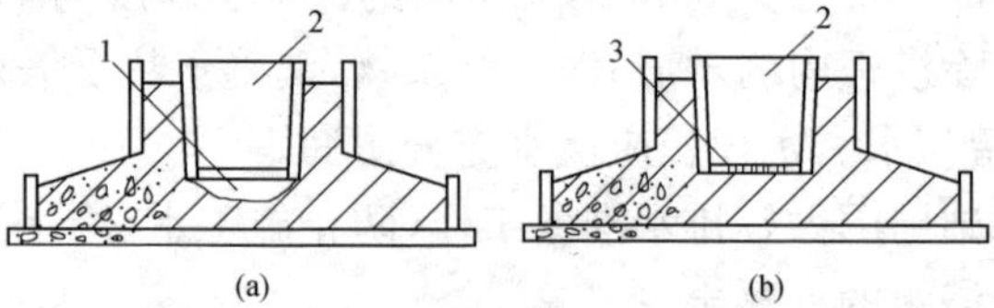

图 2-2 杯形基础的内模装置

(a)内模无排气孔；(b)内模有排气孔

1—杯底有空鼓；2—内模；3—排气孔

⑦前条所述预留模板安装固定好后，布料时应先在模板外对称布料，把模板位检查一次，方可继续在其他部位浇筑。为防止预留模板被位移、挤斜、浮起，振捣时应小心操作，避免过振。

⑧杯口及预留孔模板在初凝后可稍为抽松，但仍应保留在原位，避免意外坍落，待至达到拆模强度时，全部拆除。

⑨整个布料和捣固过程，应防止离析。

(3)混凝土的灌注。

①深度小于 2m 的基坑，在基坑上铺脚手板并放置铁皮拌盘，运输来的混凝土料先卸在拌盘上，用铁锹采用“带浆法”向模板内灌注，当灌注至基础表面时则应反锹下料。

②深度大于 2m 的基坑，从边角开始采用串筒或溜槽向中间灌注混凝土，按基础台阶分层灌注，分层厚度为 25～30cm。每层混凝土要一次卸足，振捣完毕后，再进行第二层混凝土的灌注。

(4)混凝土的振捣。

①基础的振捣应采用插入式振捣器以行列式进行插点振捣。每个插点振捣时间控制在20～30s,以混凝土表面泛浆,无气泡为准。边角等不易振捣密实处,可用插扦配合捣实。

②对于锥式杯形基础,浇筑到斜坡处时,一般在混凝土平下阶模板上口后,再继续浇捣上一台阶混凝土;以下阶模板的上口和上阶模板的下口为准,用大铲收成斜坡状,不足部分可随时补加混凝土并拍实、抹平,使之符合设计要求。

③在浇筑台阶式杯形基础时,应防止"吊脚"(上层台阶与下层台阶混凝土脱空)现象发生在台阶交角处。

(5)基础表面的修整。

①浇筑完毕后,要对混凝土表面进行铲填,拍平等修整工作,使之符合设计要求。

②铲填工作由低处向高处进行,铲高填低。对于低洼和不足模板尺寸部分应补加混凝土填平、拍实,斜坡坡面不平处应加以修整。

③基础表面压光时随拍随抹,局部砂浆不足时应补浆收光。斜坡面收光,应从高处向低处进行。

④混凝土在初凝后至终凝前,及时清理铲除、修整杯芯模板内多余的混凝土。

⑤杯形基础模板拆除后,对其外观出现的蜂窝、麻面、孔洞和露筋等缺陷,应根据其修补方案及时进行修补。

5. 条形基础的混凝土浇筑

条形基础一般为墙壁等围护结构的基础,四周连通或与内部横墙相连,通常利用地槽土壁为两侧模板。条形基础的混凝土,分支模浇筑和原槽浇筑两种施工方法,以原槽浇筑为多见。

但对于土质较差,不支模难以满足基础外形和尺寸的,应采用支模浇筑。

条形基础操作工艺顺序:浇筑前的准备工作→混凝土的浇筑→混凝土的振捣→基础表面的修整→混凝土的养护。

(1)浇筑前的准备工作。

①浇筑前,经测设并在两侧土壁上交错打入水平桩。桩面高度为基础顶面后设计标高。水平桩长约 10cm,间距为 3m 左右、水平桩外露 2~3cm。如采用支模浇筑,其浇筑高度则以模板上口高度或高度线为准。

②清除干净基底表面的浮土、木屑等杂物。对于无垫层的基底表面应修整铲平;有混凝土垫层的,应用清水清扫干净并排除积水;干燥的非黏性地基土应适量洒水润湿。

③有钢筋网片的,绑扎牢固、保证间距,按规定加垫好混凝土保护层垫块。

④模板缝隙,应用泥袋纸堵塞。模板支撑合理、牢固,满足浇筑要求。木模板在浇筑前应浇水润湿。

⑤做好通道、拌料铁盘的设置、施工水的排除等其他准备工作。

(2)混凝土的灌注。

①从基槽最远一端开始浇筑,逐渐缩短混凝土的运输距离。

②条形基础灌筑时,按基础高度分段、分层连续浇筑,每段浇灌长度宜控制在 3m 左右。第一层灌注并集中振捣后再进行第二层的灌注和振捣。

③基槽深度小于 2m 的,且混凝土工程量不大的条型基础,就将混凝土卸在拌盘上,用铁锹集中投料。混凝土工程量较大,且施工场地通道条件不太好的,可在基槽上铺设通道桥板,用手推车直接向基槽投料。

④基槽深度大于2m的，为防止混凝土离析，必须用溜槽下料。投料时都采用先边角、后中间的方法，以保证混凝土的浇筑质量。

(3)混凝土的振捣。

条形基础的振捣宜选用插入式振捣器以“交错式”布置插点。控制好每个插点的振捣时间，一般以混凝土表面泛浆，无气泡为准并遵守“快插慢拔”的操作要领。同时应注意分段、分层结合处、基础四角及纵模基础交接处的振捣，以保证混凝土的密实。

(4)基础表面的修整。

混凝土分段浇筑完毕后，应立即用大铲或铁锹背将混凝土表面拍平、压实。或反复搓平，坑凹处用混凝土补平。

6. 混凝土柱的浇筑

(1)混凝土浇筑。

①先在底部铺上与构件混凝土同强度、同品质的50～100mm厚的水泥砂浆层。

②为了避免用泵送或料斗投送或人工布料时的混乱，每个工作点只能由一人专职布料。

③如泵送或吊斗布料的出口尺寸较大，而柱的短边长度较小时，为避免拌和物散落在模外或冲击模具变形，不可直接布料入模，可在柱上口旁设置布料平台，先将拌和物卸在平台的拌板上，再用人工布料。

④如有条件直接由布料杆或吊斗卸料入模时，应注意两点，一是拌和物不可直接冲击模型，避免模型变形；二是卸料时不可集中一点，造成离析，应移动式布料，见图2-3。

⑤必须说明的是，插入式振捣器/振动棒长度一般为300mm左右，但其实际工作作用部分不超过250mm；另外，由

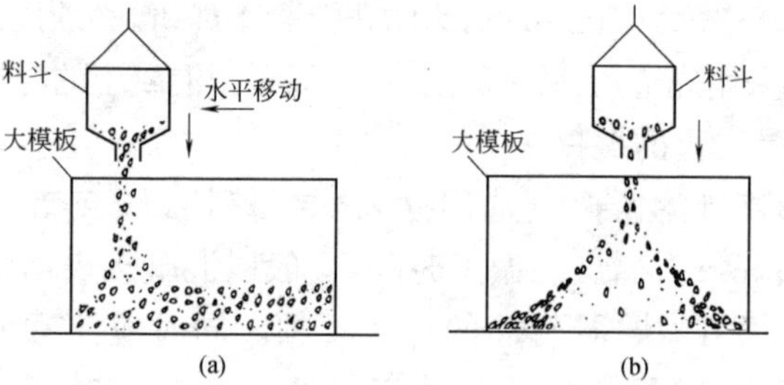

图 2-3 料斗移动对混凝土浇筑质量的影响

(a)正确,料斗沿大模板移动混凝土均匀;(b)错误,固定一点浇筑混凝土,产生离析

于保护振捣棒与软轴接合处的耐用性,在使用时插入混凝土的长度不应超过振捣棒长度的 3/4。对用软轴式振捣器的混凝土浇灌厚度,每层可定为 300mm。

⑥捣固工作由 2 人负责,1 人用振捣器或用手工工具对中心部位进行捣固,另 1 人则用刀式插棒(图 2-4)对构件外周进行捣固,以保证周边的饱满平正。

⑦使用软轴式振捣器宜选用软轴较长的。操作时应在振捣棒就位后方可通电。避免振捣棒打乱钢筋或预埋件。

⑧振捣棒宜由上口垂直伸入,易于控制。

⑨在浇筑大截面柱时,如模板安装较为牢固,可在模板外悬挂轻型外部振捣器振捣。

⑩在浇筑竖向构件时,在模板外面应派专人观察模板的稳定性,也可用木锤轻轻敲打模板,使外表砂浆饱满。

⑪竖向构件混凝土浇筑成型后,粗骨料下沉,有浮浆缓性上浮,在柱、墙上表面将出现浮

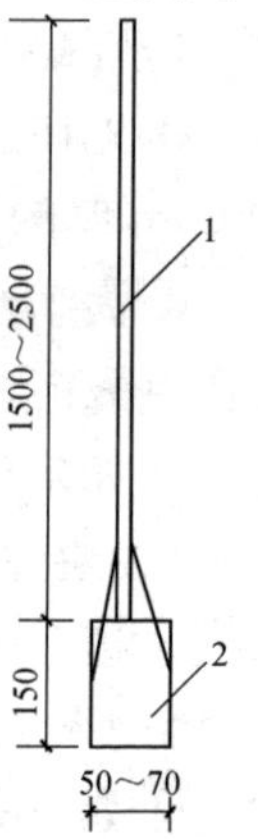

图 2-4 刀式插棒

1—ϕ16mm 空心钢管;2—δ=1.5～2.5mm薄钢板

浆层，待其静停2h后，应派人将浮浆清出，方可继续浇筑新混凝土。

(2)混凝土的灌注。

①柱高不大于3m，柱断面大于40cm×40cm且又无交叉箍筋时，混凝土可由柱模顶部直接倒入。当柱高大于3m时，必须分段灌注，每段的灌注高度不大于3m。

②柱断面在40cm×40cm以内或有交叉箍筋的分段灌注混凝土，每段的高度不大于2m。如果柱箍筋妨碍斜溜槽的装置，可将箍筋一端解开向上提起，混凝土浇筑后，门子板封闭前将箍筋重新按原位置绑扎，并将门子板封上，用柱箍箍紧。使用斜溜槽下料时，可将其轻轻晃动，使下料速度加快。分层浇筑时切不可一次投料过多，以免影响浇筑质量。

③柱混凝土灌柱前，柱基表面应先填以5～10cm厚与混凝土内砂浆成分相同的水泥砂浆，然后再灌注混凝土。

④在灌注断面尺寸狭小且混凝土柱又较高时，为防止混凝土灌至一定高度后，柱内聚积大量浆水而可能造成混凝土强度不均的现象，在灌注至一定高度后，应适量减少混凝土配合比的用水量。

⑤采用竖向串筒、溜管导送混凝土时，柱子的灌注高度可不受限制。

⑥浇筑一排柱子的顺序应从两端同时开始向中间推进，不可从一端开始向另一端推进。

(3)混凝土柱的振捣。

①柱混凝土多应用插入式振捣器。当振捣器的软轴比柱长0.5～1m时，待下料达到分层厚度后，即可将振捣器从柱顶伸入混凝土层内进行振捣。注意插入深度，振捣器软轴不要晃动过大，以避免碰撞钢筋。

②振捣器找好振捣位置时,再合闸振捣。

③混凝土的浇捣,需 3～4 人协同操作,2 人负责卸料,1 人负责振捣,另 1 人负责开关振捣器。

④当插入式振捣器的软轴短于柱高时,则应从柱模板侧面的门子洞将振捣器插入。

⑤振捣时,每个插点的振捣时间不宜过长,如振捣时间过长:在分层浇筑时,振捣器的棒头应伸入到下层混凝土内 5～10cm,以保证上下层混凝土结合处的密实性。操作时应掌握“快插慢拔”的要领,以保证混凝土振捣密实。

⑥当柱断面较小,钢筋较密时,可将柱模一侧全部配成横向模板,从下至上,每浇筑一节模板封闭一节。

(4)柱模板应以后装先拆、先装后拆的顺序拆除。

拆模时不可用力过猛过急,以免造成柱边角缺棱掉角,影响混凝土的外观质量。

(5)模板的拆除时间。

应以混凝土强度能保证其表面及棱角不因拆除模板而受损坏时,方可拆模。

(6)混凝土捣实的观察。

用肉眼观察振捣过的混凝土,具有下列情况者,可认为已达到沉实饱满的要求:

①模型内混凝土不再下沉。

②表面基本形成水平面。

③边角无空隙。

④表面泛浆。

⑤不再冒出气泡。

⑥模板的拼缝外,在外部可见有水迹。

7. 混凝土墙的浇筑

混凝土墙体的模板可采用定型模板(图 2-5),也可采用拼装式模板,其墙体混凝土浇筑的操作工艺顺序及操作方法同混凝土柱基本相同。

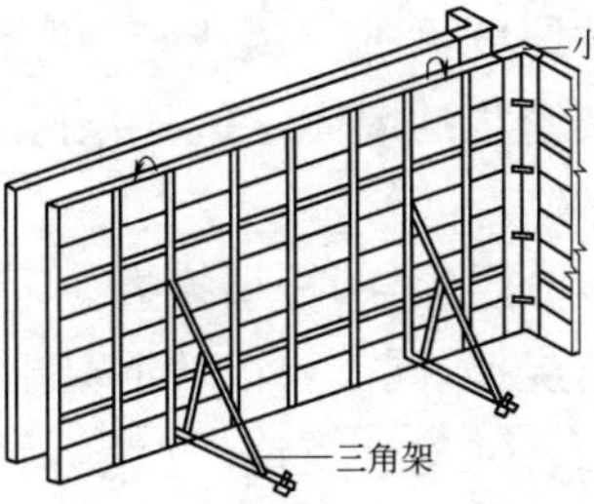

图 2-5　混凝土墙体大模板

(1)混凝土的灌注。

①墙体混凝土灌注时应遵循先边角后中部,先外部后内部的顺序,以保证外部墙体的垂直度。

②高度在 3m 以内,且截面尺寸较大的外墙与隔墙,可从墙顶向模板内卸料。卸料时须安装料斗缓冲,以防混凝土离析。对于截面尺寸狭小且钢筋较密集的墙体,以及高度大于 3m 的任何截面墙体混凝土的灌注,均应沿墙高度每 2m 开设门子洞、装上斜溜槽卸料。

③如泵送或吊斗布料的出口尺寸较大,而墙厚时,不可直接布料入模,避免拌和物散落在模外或冲击模具变形,可在墙体的上口旁设置布料平台,先将拌和物卸在平台的拌板上,再用人工布料。

④灌注截面较狭且深的墙体混凝土时,为避免混凝土浇筑至一定高度后,由于积聚大量的浆水,而可能造成混凝土强度不匀的现象,宜在灌至适当高度时,适量减少混凝土用水量。

⑤墙壁上有门、窗及工艺孔洞时，应在其两侧同时对称下料，以确保孔洞位置。

⑥墙模灌注混凝土时，应先在模底铺一层厚度 50～80mm 的与混凝土内成分相同的水泥砂浆，再分层灌注混凝土。

(2)混凝土的振捣。

①对于截面尺寸厚度大的混凝土墙，可使用插入式振捣器振捣。而一般钢筋较密集的墙体，可采用附着式振捣器振捣，其振捣深度为 25cm 左右。

②墙体混凝土应分层灌注，分层振捣。下层混凝土初凝前，应进行上层混凝土的浇捣，同一层段的混凝土应连续浇筑。

③在墙角、墙垛、悬臂构件支座、柱帽等结构节点的钢筋密集处，可用小口径振动棒或人工捣固，保证密实。

④在浇筑较厚墙体时，如模板安装较为牢固，可在模板外悬挂轻型外部振捣器振捣。

⑤使用插入式振捣器，如遇门、窗洞口时，应两侧对称振捣，避免将门、窗洞口挤偏。

⑥对于设计有方形孔洞的墙体，为防止孔洞底模下出现空鼓，通常浇至孔洞底标高后，再安装模板，继续向上浇筑混凝土。

⑦墙体混凝土使用插入式振捣器振捣时，如振捣器软轴较墙高长时，待下料达到分层厚度后，即可将振捣器从墙顶伸入墙内振捣；如振捣器软轴较墙高短时，应从门子洞伸入墙内振捣。应先找到振捣位置后，再合闸振捣，以避免振捣器撞击钢筋。使用附着式振捣器振捣时，可分层灌注、分层振捣，也可边灌注、边振捣等。

⑧当顶板与墙体整体现浇时，顶板端部的墙体混凝土应单独浇捣，以保证墙体的整体性和抗震能力。同一层的剪力墙、筒体墙、与柱连接的墙体，均属一个层段的整体结构，其浇筑方法

与进度应同步进行。

⑨竖向构件混凝土浇筑成形后，粗骨料下沉，有浮浆缓慢上浮，在墙上表面将出现浮浆层，待其静停 2h 后，应将浮浆清出，方可继续浇筑新混凝土。

⑩对柱、墙、梁捣插时，宜轻插、密插，捣插点应螺旋式均匀分布，由外围向中心靠拢。边角部位宜多插，上下抽动幅度在 100～200mm。应与布料深度同步。截面较大的构件，应 2 人或 3 人同时捣插，亦可同时在模板外面轻轻敲打，以免蜂窝等缺陷出现。

8. 混凝土梁的浇筑

梁是水平构件，主要是受弯结构。浇筑工艺要求较高。其架构形式见图2-6。各种荷载先由楼板 1 传递至次梁 2，再传递至主梁 3，再传递至柱 4，是由上而下传递的。但混凝土浇筑程序则由下而上，同时要在下部结构浇筑后体积有一定的稳定后才可逐步向上浇筑。

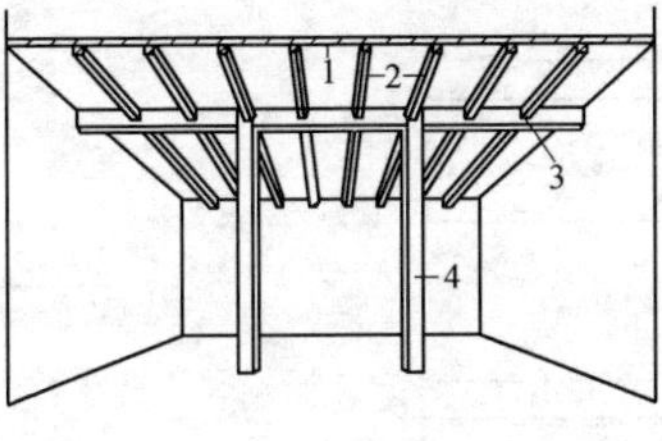

图 2-6　柱、梁、楼板结构组合图

1—楼板；2—次梁；3—主梁；4—柱子

安装工作平台后，即可开始工作。工作中严禁踩踏钢筋。

(1)为保证工程的整体性，主梁和次梁应同时浇筑（如有现浇楼板的也应同时浇筑）。

(2)为保证钢筋骨架保护层垫块的数量和完好性，应采用留置保护层的做法。禁止采用先布料后提钢筋网的办法。

(3)为避免因卸料或摊平料堆而致使钢筋位移，布料时，混凝土应卸在主梁或少筋的楼板上，不应卸在边角或有负筋的楼板上。

(4)布料时，因在运输途中振动，拌和物可能骨料下沉、砂浆上浮；或搅拌运输车卸料不均，均可能使拌和物造成“这车浆多，那车浆少”的现象。施工时注意卸料时不应叠高，而是用一车压半车，或一斗压半斗，见图 2-7，做到卸料均匀。

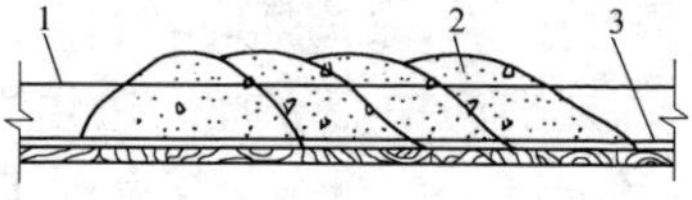

图 2-7　小车下料一车压半车法

1—楼板厚度线；2—混凝土；3—钢筋网

(5)如用人工布料和捣固时，可先用赶浆捣固法浇筑梁。应分层浇筑，第一层浇至一定距离后再回头浇筑第二层，成阶梯状前进，见图 2-8。

(6)堆放的拌和物，可先用插入式振捣器按图 2-9 摊平混凝土的方法将之摊平。再用平板振捣器或人工进行捣固。

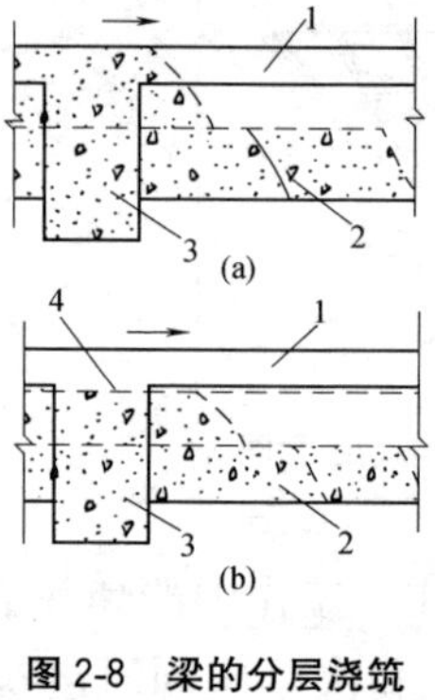

图 2-8　梁的分层浇筑

(a)主梁高小于 1m 的梁；(b)主梁高大于 1m 的梁

1—楼板；2—次梁；3—主梁；4—施工缝

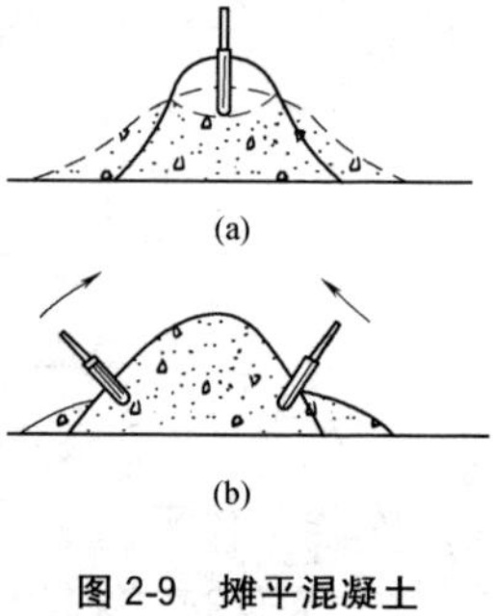

图 2-9　摊平混凝土

(a)正确；(b)错误

(7)主次梁交接部位或梁的端部是钢筋密集区，浇筑操作较困难，通常采用下列技巧：

①在钢筋稀疏的部位，用振捣棒斜插振捣，见图 2-10。

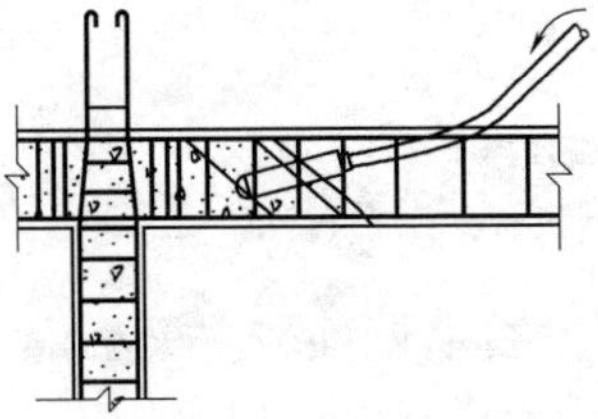

图 2-10　插入式振捣棒钢筋稀疏处斜插振捣

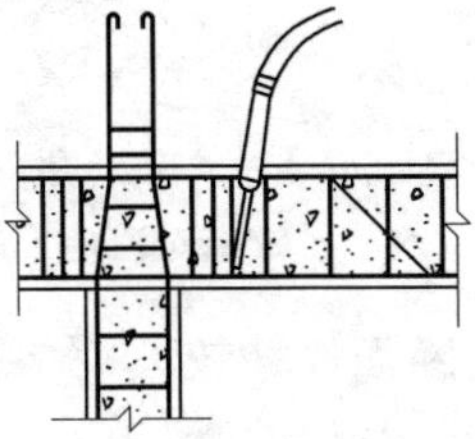

图 2-11　剑式插入式振捣棒在钢筋密集处作业

②在振捣棒端部焊上厚 8mm、长 200～300mm 的扁钢片，做成剑式振捣棒进行振捣，见图 2-11。但剑式振捣棒的作用半径较小，振点应加密。在模板外部用木锤轻轻敲打。

(8)反梁的浇筑：反梁的模板通常是采用悬空支撑，用钢筋将反梁的侧模板支离在楼板面上。如浇筑混凝土时将反梁与楼板同时浇筑，因反梁的混凝土仍处在塑性状态，将向下流淌，形成断脖子现象，见图 2-12(a)。正确的方法是浇筑楼板时，先浇筑反梁下的混凝土楼板，并将其表面保留凹凸不平，见图 2-12(b)，待楼板混凝土至初凝，约在出搅拌机后 40～60min，再继续按分层布料、捣固的方法浇筑反梁混凝土，捣固时插入式振捣棒应伸入混凝土 30～50mm，使前后混凝土紧密凝结成为一体，见图 2-12(c)。

9. 肋形楼板混凝土的浇筑

楼板和梁同时是水平构件，主要是受弯结构。肋形楼板是由主梁、次梁和板组成的典型的梁板结构。主梁设置在柱和墙

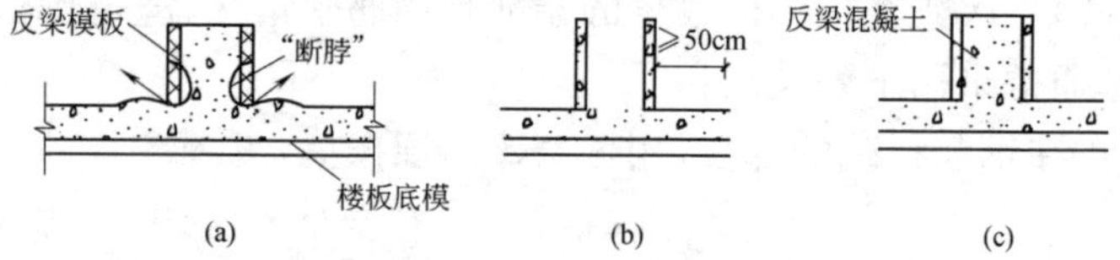

图 2-12 反梁浇筑次序

(a)板梁同时浇筑;(b)先浇筑楼板;(c)后浇筑反梁

之间,断面尺寸较大,次梁设置在主梁之间,断面较主梁小,平板设置在主梁和次梁上。其模板一般为木模或定型组合钢模。

肋形楼板的浇筑工艺顺序:浇筑前的准备工作→梁、板混凝土的灌注→混凝土的振捣→混凝土表面的修整→养护→拆模。

(1)混凝土的灌注。

①有主次梁的肋形楼板,混凝土的浇筑方向应顺次梁方向,主次梁和板同时分层浇筑。

②在保证主梁浇筑的前提下,将施工缝留置在次梁跨中1/3的范围内。

③布料时,宜将混凝土先卸在铁拌盘上,再用铁锹往梁板里灌注混凝土。灌注时采用"带浆法"下料,即铁锹背靠着梁的侧模向下倒。在梁的同一位置的两侧各站1人,一边一锹均匀下料。

④灌注楼板混凝土时,可直接将混凝土料卸在模板上。但须注意,不可集中卸在楼板边角或有上层构造钢筋的楼板处。同时还应注意小车或料斗的浆料,将浆多石少或浆少石多的混凝土均匀搭配。楼板混凝土的虚铺高度可比楼板厚度高出20～25mm。

(2)混凝土的振捣。

①对楼板构件,多采用平底锤、平底木桩或用铲背拍打。人工捣固用"带浆法"操作。操作时由板边开始,铺上一层厚约

10mm、宽 300～400mm 的与混凝土成分相同的水泥砂浆。与浇筑前进方向一致，用铁锹采用反锹下料，浇筑的面积达到 $2m^2$ 时，用锹背将混凝土拍平拍实，并前后往复轻揉，将表面原浆拉平。若个别部位石子集中拍不出浆来时，可从混凝土料中剔出石子，取水泥浆补上，再拍平。直至全部浇筑完毕。

②当梁高度大于 1m 时，可先浇筑主次梁混凝土，后浇筑楼板混凝土，其水平施工缝留置在板底以下 20～30mm 处。当梁高度大于 0.4m 小于 1m 时，应先分层浇筑梁混凝土，待梁混凝土浇筑至楼板底时，梁与板再同时浇筑。

③梁混凝土的捣固应采用插入式振捣器振捣。浇筑时，由梁的一端开始向另一端推进，并根据梁的高度分层浇捣成阶梯形。当浇筑至板底位置时，再与板一起浇筑，并向前，直至梁混凝土全部浇筑完毕。

④浇筑楼板混凝土时也可采用平板振捣器振捣。

(3)混凝土表面的修整。

板面如需抹光时，先用大铲将表面拍平，局部石多浆少的，需另补浆拍平，再用木抹子打搓，最后用铁抹子压光。对因木橛子取出后而留下的洞眼，应用混凝土补平拍实后再收光。

10. 其他现浇构件的浇筑

悬挑构件的浇筑工艺：悬挑构件是指悬挑出墙、柱、圈梁及楼板以外的构件，如阳台、雨篷、天沟、屋檐、牛腿、挑梁等。根据构件截面尺寸大小和作用分为悬臂梁和悬臂板。悬臂构件的受力特征与简支梁正好相反，其板件上部承受拉力，下部承受压力。悬臂构件靠支承点（砖墙、柱等）与后部的构件平衡。

(1)混凝土的灌注与捣固。

悬挑构件的浇筑顺序：悬挑构件的悬挑部分与后面的平衡

构件的浇筑必须同时进行，以保证悬挑构件的整体性；浇筑时，应先内后外，先梁后板一次连续浇筑，不允许留置施工缝。

①对于悬臂梁，因工程量不太大，宜将混凝土料卸在铁皮拌盘上，再用铁锹或小铁桶传递下料。由于悬挑构件的截面不太高，因此可一次将混凝土料下足后，集中用插入式振捣器振捣。对于支点外的悬挑部分，如因钢筋较密，可采用带刀片的插入式振捣器振捣或配合人工捣固的方法使混凝土密实。对于条件不具备的，也可用工人"赶浆法"捣固。

②对于悬臂板，应顺支承梁的方向，先浇筑梁，待混凝土齐平板底后，梁板同时浇筑，切不可待梁混凝土浇筑完后，再回过去浇筑板。对于支承梁，可用插入式振捣器振捣，也可用人工"赶浆法"捣固。对于悬挑板部分，因板厚较小，宜采用人工"带浆法"捣固，板的表面用锹背拍平、拍实，光反复揉搓至表面出浆为准。

(2)混凝土的养护。

混凝土初凝后，表面即可用草帘等覆盖物覆盖，终凝后即浇水养护。硅酸盐水泥、普通水泥、矿渣水泥拌制的混凝土，在常温下养护时间不得少于 7d，其他品种水泥拌制的混凝土的养护时间视水泥性质决定。

(3)拆模。

悬挑构件的侧板，以混凝土强度以保证其表面及棱角不因拆模而破坏时，方可拆除。而对悬挑部分的底模则按规定的要求拆除。

11. 混凝土养护

为保证已浇筑好的混凝土在规定龄期内达到设计要求的强度和耐久性，并防止产生收缩和温度裂缝，必须认真做好养护工作。

(1)覆盖浇水养护。

在平均气温高于＋5℃的自然条件下，用适当的材料对混凝土表面加以覆盖并浇水，使混凝土在一定的时间内保持水泥水化作用所需要的适当温度和湿度条件。

覆盖浇水养护应符合下列规定：

①覆盖浇水养护应在混凝土浇筑完毕后的 12h 内进行。

②混凝土的浇水养护时间，对采用硅酸盐水泥、普通硅酸盐水泥或矿渣硅酸盐水泥拌制的混凝土，不得少于 7d，对掺用缓凝型外加剂、矿物掺和料或有抗渗性要求的混凝土，不得少于 14d。

当采用其他品种水泥时，混凝土的养护应根据所采用水泥的技术性能确定。

③浇水次数应根据能保持混凝土处于湿润的状态来决定。

④混凝土的养护用水宜与拌制水相同。

⑤当日平均气温低于 5℃时，不得浇水。

大面积结构如地坪、楼板、屋面等可采用蓄水养护。贮水池一类工程可于拆除内模混凝土达到一定强度后注水养护。

(2)薄膜布养护。

在有条件的情况下，可采用不透水、不透气的薄膜布(如塑料薄膜布)养护。用薄膜布把混凝土表面敞露的部分全部严密地覆盖起来，保证混凝土在不失水的情况下得到充足的养护。这种养护方法的优点是不必浇水，操作方便，能重复使用，能提高混凝土的早期强度，加速模具的周转，但应该保持薄膜布内有凝结水。

(3)薄膜养生液养护。

混凝土的表面不便浇水或使用塑料薄膜布养护时，可采用涂刷薄膜养生液以防止混凝土内部水分蒸发的方法进行养护。

薄膜养生液养护是将可成膜的溶液喷洒在混凝土表面上，溶液挥发后在混凝土表面凝结成一层薄膜，使混凝土表面与空气隔绝，封闭混凝土中的水分不再被蒸发，而完成水化作用。这种养护方法一般适用于表面积大的混凝土施工和缺水地区，但应注意薄膜的保护。

(4)养护条件。

在自然气温条件下（高于+5℃），对一般塑性混凝土应在浇筑后 10～12h 内（炎夏时可缩短至 2～3h），对高强混凝土应在浇筑后1～2h 内，即用麻袋、草帘、锯末或砂进行覆盖，并及时浇水养护，以保持混凝土具有足够润湿状态。混凝土浇水养护时间见表 2-5。

表 2-5　　混凝土浇水养护时间参考表

分类		浇水养护时间(d)
拌制混凝土的水泥品种	硅酸盐水泥、普通硅酸盐水泥、矿渣硅酸盐水泥	不小于 7
	火山灰质硅酸盐水泥、粉煤灰硅酸盐水泥	不小于 14
	矾土水泥	不小于 3
抗渗混凝土、混凝土中掺缓凝型外加剂		不小于 14

注：1. 如平均气温低于 5℃时不得浇水；
2. 采用其他品种水泥时，混凝土的养护应根据水泥技术性能确定。

混凝土在养护过程中，如发现遮盖不好，浇水不足，以致表面泛白或出现干缩细小裂缝时，要立即仔细加以遮盖，加强养护工作，充分浇水，并延长浇水日期，加以补救。

在已浇筑的混凝土强度达到 1.2N/mm² 以后，方允许上人和安装模板及支架等。荷重超过混凝土承载时，应通过计算，并采取相宜的措施。

(5)蒸汽养护。

蒸汽养护是缩短养护时间的方法之一，一般宜用 65℃左右的温度蒸养。混凝土在较高湿度和温度条件下，可迅速达到要求的强度。施工现场由于条件限制，现浇预制构件一般可采用临时性地面或地下的养护坑，上盖养护罩或用简易的帆布、油布覆盖。

蒸汽养护分四个阶段。

①静停阶段：就是指混凝土浇筑完毕至升温前在室温下先放置一段时间。这主要是为了增强混凝土对升温阶段结构破坏作用的抵抗能力，一般需 2～6h。

②升温阶段：就是混凝土原始温度上升到恒温阶段。温度急速上升，会使混凝土表面因体积膨胀太快而产生裂缝，因而必须控制升温速度，一般为 10～25℃/h。

③恒温阶段：是混凝土强度增长最快的阶段。恒温的温度应随水泥品种不同而异，普通水泥的养护温度不得超过 80℃。矿渣水泥、火山灰水泥可提高到 85～90℃。恒温加热阶段应保持 90%～100%的相对温度。

④降温阶段：在降温阶段内，混凝土已经硬化，如降温过快，混凝土会产生表面裂缝，因此降温速度应加控制。一般情况下，构件厚度在 10cm 左右时，降温速度每小时不大于 20～30℃。

为了避免由于蒸汽温度骤然升降而引起混凝土构件产生裂缝变形，必须严格控制升温和降温的速度。出槽的构件温度与室外温度相差不得大于 40℃，当室外为负温度时，温差不得大于 20℃

(6)热模养护。

将蒸汽通在模板内进行养护，此法用汽少，加热均匀。既可用于预制构件，又可用于现浇墙体，用于现浇框架结构柱的养护方法（图 2-13）。

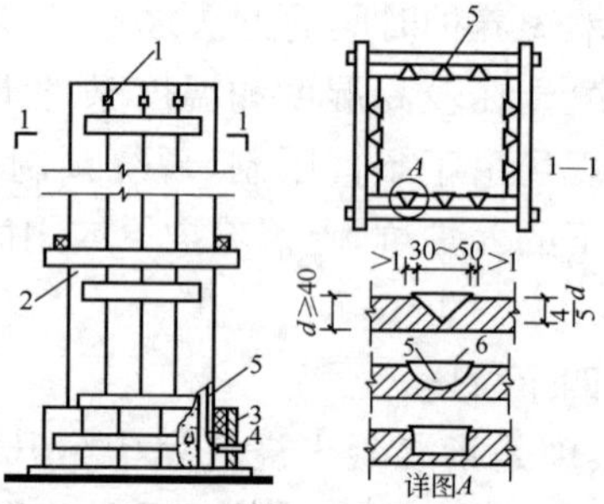

图 2-13 柱子用热模法养护（单位：mm）

1—出汽孔；2—模板；3—分汽箱；4—进气管；5—蒸汽管；6—薄铁皮

(7)棚罩式养护。

棚罩式养护是在混凝土构件上加盖养护棚罩。棚罩的材料有玻璃、透明玻璃钢、聚酯薄膜、聚乙烯薄膜等。其中以透明玻璃钢和透明塑料薄膜为佳；棚式的形式有单坡、双坡、拱形等，一般多用单坡或双坡。棚罩内的空腔不宜过大，一般略大于混凝土构件即可。棚罩内的温度，夏季可达 60～75℃。春秋季可达 35～45℃，冬期约在 20℃左右。

(8)覆盖式养护。

在混凝土成型、表面略平后，其上覆盖塑料薄膜进行封闭养护，有两种做法。

①在构件上覆盖一层黑色塑料薄膜（厚 0.12～0.14mm），在冬期再盖一层气垫薄膜。

②在混凝土构件上先覆盖一层透明的或黑色塑料薄膜，再盖一层气垫薄膜（气泡朝下）。

塑料薄膜应采用耐老化的接缝并采用热黏合。覆盖时应紧贴四周，用砂袋或其他重物并紧盖严，防止被风吹开，影响养护效果。塑料薄膜采用搭接时，其搭接长度应大于 30cm。据试验，气温在 20℃ 以上，只盖一层塑料薄膜，养护最高温度达 65℃，混凝土构件在 1.5～3d 内达到设计强度的 70％，缩短养护周期 40％以上。

12. 混凝土拆模

混凝土结构浇筑后，达到一定强度，方可拆模。模板拆卸日期，应按结构特点和混凝土所达到的强度来确定。现浇混凝土结构的拆模应达到如下要求：

不承重的侧面模板，应在混凝土强度能保证其表面及棱角不因拆模板而受损坏，方可拆除。

承重的模板应在混凝土达到下列强度以后，方能拆除(按设计强度等级的百分率计)。

(1)板及拱：

①跨度为 2m 及小于 2m	50％。
②跨度为大于 2m 至 8m	75％。
(2)梁(跨度为 8m 及小于 8m)	75％。
(3)承重结构(跨度大于 8m)	100％。
(4)悬臂梁和悬臂板	100％。

钢筋混凝土结构如在混凝土未达到上述所规定的强度时进行拆模及承受部分荷载，应经过计算，复核结构在实际荷载作用下的强度。

已拆除模板及其支架的结构，应在混凝土达到设计强度后，才允许承受全部计算荷载。施工中不得超载使用，严禁堆放过量建筑材料。当承受施工荷载大于计算荷载时，必须经过核算加设临时支撑。

二、混凝土泵送施工

用混凝土泵沿管道输送和浇筑混凝土拌和物称为泵送混凝土,是一种先进的混凝土施工工艺,主要适用于大体积混凝土工程,也能适应水下和隧道工程。它在高空上的水平输送导管达60m以上,垂直输送导管高达100m以上,取代了塔吊吊斗或井架加小车的运输方法。它具有工效较高(每工浇筑10～20m^3混凝土),可降低劳动强度,技术经济效益好等优点。泵送混凝土要求有较大的流动性,泵送混凝土要连续进行,否则易发生阻塞。

1. 混凝土泵送的技术要求

(1)混凝土泵在泵送前的要求。

混凝土泵在泵送前要先用水、水泥浆润湿管道,使输送管、泵处于润滑状态,然后开始泵送混凝土。润滑用水、水泥浆和水泥砂浆的用量见表2-6。

表2-6　泵送混凝土润滑用水、水泥浆和水泥砂浆用量表

输送管长度	水(L)	水泥浆		水泥砂浆	
		水泥用量(kg)	稠　度	用量(m^3)	配合比(水泥∶砂)
<100	30	—	—	0.5	1∶2
100～200	30	—	—	1.0	1∶1
>200	30	100	粥状	1.0	1∶1

(2)泵送混凝土施工对混凝土配合比的要求。

①碎石最大粒径与输送管内径之比宜为1∶3,卵石不大于1∶2.5,以免堵塞。

②砂宜用中砂,通过0.315mm筛孔的砂应不少于15%,最

好能达到20%，砂率应控制在40%～50%。

③水泥用量不宜过小，否则泵送阻力增大，一般最小水泥用量宜为300kg/m^3，混凝土的坍落度宜为8～18cm，66m以上的泵送混凝土坍落度在18～20cm较为适宜。

④混凝土通过管道弯管时，颗粒间的相对位置发生变化，此处若砂浆量不足就会堵管，因此应增加砂率，通过试配，要求混凝土既能保证强度又要使砂率控制在40%～50%，因为砂率过大既影响强度也会降低流动性。

⑤在混凝土中掺入粉煤灰可以改善其可泵送性和延长水泥的凝结时间。

⑥混凝土中的石子级配和针、片状颗粒含量（宜在10%以下）也应加以控制。

2. 混凝土泵送

(1)场地要求。

泵的场地一般不小于50m^2。场地应平整，能承担10t的承载力，附近有供水和排水设施。

(2)开泵准备。

对泵的各部位进行检查，没有问题后再发动引擎。正式泵送前让活塞空转5～10min。

(3)启动要求。

启动前注意把操纵开关指向停（OFF）的位置，输出量调整在低负荷状态下10m^3/h，同时把活塞伸缩阀关紧，把运转阀全部旋开，发动后把分动器拉杆拉起，并把挡挂入第五挡，挂上离合器后，油泵转速应为1400～1500r/min，方可开始泵送。

(4)防止超载。

液压油的工作压力、工作温度（不超过60℃）不应超载，若超载应调整输出量。

(5)泵送要求。

①混凝土泵输送时应连续进行,尽可能防止停歇。

②如果不能连续供料,可适当放慢速度,以保证连续泵送。

③泵送停歇超过 45mm 或混凝土出现离析时,要立即用压力水或其他方法清除泵机和管道的混凝土,再重新泵送。

④混凝土泵输送中,要注意观察液压表和泵机各部分的工作状态,一般在泵的出口处容易发生堵塞现象。

⑤混凝土泵送时,应每 2h 换一次水洗槽中的水,随时检查泵缸的行程,当有变化时,要随时调整。

⑥混凝土垂直向上输送时,可在泵机和垂直管之间设一段 10～15m 的水平输送管道,防止混凝土产生逆流。

⑦在高温条件下施工时,要在水平输送管道上盖 1～2 层湿草帘,并隔一定时间对草帘洒水润湿。

三、混凝土施工缝

为了保证现浇钢筋混凝土结构的整体性,在安排施工时,最好是连续浇筑。但由于结构或构件的多样性,以及劳力、时间、设备、工种配合等客观上的限制,连续浇筑往往有困难,使结构或构件造成接缝,称为施工缝。

目前大量应用的装配式、装配整体式结构,各混凝土构件之间的接缝,实际上也属于施工缝性质。

施工缝的位置不当或处理不妥,对结构的受力、防水、抗震、防腐都是不利的,尤其会影响结构的整体性。

1. 施工缝留置的原则

①施工缝不应设置在结构的薄弱处或受力不明确处,宜留

在受剪力较小的部位。

②施工缝不宜设置在整个结构的同一垂直面上或水平面上。

③施工缝的位置应考虑结构的布置和荷载的具体状况。

④施工缝的位置应考虑施工的可能与方便。

2. 施工缝的允许留置部位

按以上原则和规范要求，一般结构的施工缝允许留置部位如下：

(1)水平施工缝。

①基础与基础梁间、基础梁与柱间的施工缝，宜留置在基础梁的下面和上面的水平面上，见图 2-14(a)。

②柱与基础间的施工缝，宜留在基础上面的水平面上。

③无梁楼板与柱间的施工缝，宜留在柱帽下面的水平面上。

④板与梁应一起浇筑。当梁的截面尺寸很大时(大于1m)，施工缝可留在板底面以下 2～3cm 的水平面上，见图 2-14(b)。

⑤烟囱、水塔、水池的施工缝，可每隔 1.5～2.0m 留一道。但水塔结构中水箱的施工缝，应避免留在支托斜底部分，见图 2-14(c)。

⑥地下室钢筋混凝土墙的水平施工缝，下面可留在地下室地面上的“止水”处或基础梁上皮；上面可留在楼面梁的下面某处，其距离视梁或板深入墙内钢筋的高度而定，见图2-14(d)。

⑦设备基础在地脚螺栓底端至以下 150mm 范围内。当地脚螺栓直径小于 30mm 时，水平施工缝可留在不小于地脚螺栓埋入混凝土部分长度的 3/4 处。

⑧防水混凝土结构的底板应连续施工，不得在底板任何位置留施工缝。墙体上也不允许留置垂直施工缝，因在整体的底板与墙体垂直施工缝的交接处，很难做好防水处理，结构在受力

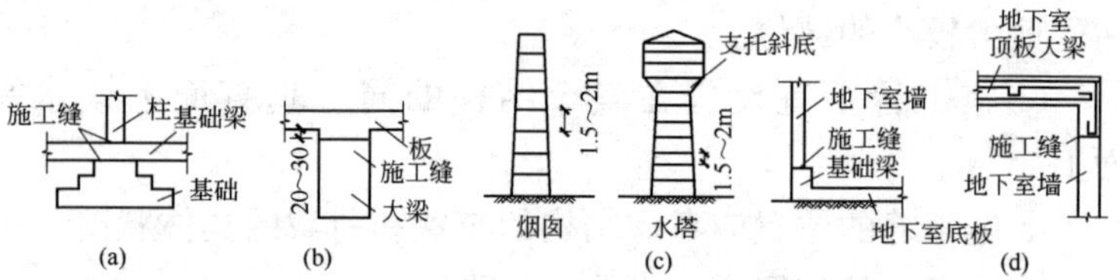

图 2-14 水平施工缝(单位:mm)

后容易产生裂缝,导致渗水或漏水。墙体水平施工缝一般宜留在高出底板上皮 200mm 处,这是考虑到如果施工缝位置过高,墙体支模不好处理,这样可以避开八字脚,也有利于墙体模板的固定。施工缝有三种形式:企口缝、高低缝、金属止水片,见图 2-15,可根据墙体的厚薄、钢筋的疏密采用。

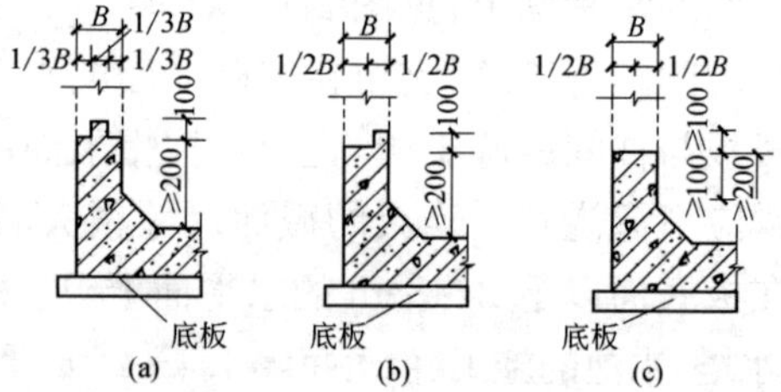

图 2-15 施工缝的形式(单位:mm)

(a)企口缝;(b)高低缝;(c)金属止水片

(2)垂直施工缝。

①浇筑单向板时,施工缝可留在与板跨平行的任何位置,见图2-16(a)。

②肋形楼板应顺着次梁方向浇筑,施工缝留在次梁跨度的中间1/3范围内,见图 2-16(b)。

③现浇的有斜梁的框架、梁、柱应连续浇筑。如必须分开浇筑时,施工缝宜留在斜梁加腋的上部,见图 2-16(c)。

④地下室墙体的施工缝,必要时可留在两根横梁之间,见图2-16(d)。

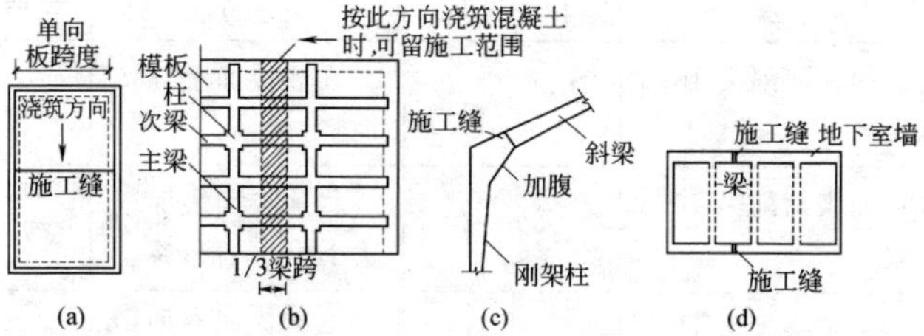

图 2-16　肋形楼盖的施工缝位置

⑤承受力的设备基础,在标高不同的两个水平施工缝,其高低接合处应留成台阶形,台阶的高宽比不得大于 1。

双向板、厚大结构、拱、穹拱、薄壳、蓄水池、斗仓、水池、多层钢架及其他结构复杂的工程,施工缝的位置应按设计要求留置。

由于新混凝土被振捣,将影响原有混凝土的强度增长,新旧混凝土也结合不好。因此,在施工缝临近的已浇筑的混凝土,其抗压强度应不小于 1.2MPa。

3. 施工缝的处理

施工缝处混凝土的抗拉强度与施工缝的处理方法有密切的关系,见表 2-7。

表 2-7　施工缝的处理方法与混凝土拉伸强度的关系

水平施工缝		垂直施工缝	
处理方法	拉伸强度	处理方法	拉伸强度
不作任何处理	约 45%	不作任何处理	约 57%
将连接面表面削去 1mm	约 77%	连接面抹砂浆	约 72%

续表

水平施工缝		垂直施工缝	
处理方法	拉伸强度	处理方法	拉伸强度
将连接面表面削去 1mm 再抹水泥浆	约 93%	在连接面上抹水泥浆	约 77%
将连接面表面削去 1mm 再抹砂浆	约 96%	将连接面表面削去 1mm 再抹砂浆	约 83%
将连接面表面削去 1mm 抹水泥浆,3h 后浇混凝土并振捣,再次凝固	约 100%	将连接面表面削去 1mm 抹水泥浆,3h 后浇混凝土,振捣,再次凝固	约 98%

注:表中以混凝土本身的抗拉强度为 100%,砂浆系指强度等级与混凝土强度等级相同或略高的砂浆。

(1)水平施工缝。

通常采用将表面凿毛并清除浮渣后铺一层高强度水泥砂浆,然后按浇筑新混凝土的方法处理,靠接触面粗糙和重力作用下产生摩擦力提高其抗剪能力。

(2)垂直施工缝。

无从考虑其摩擦力,只能采取能避则避的办法,或者要考虑新老混凝土的黏结力及凹凸不平的表面产生的咬合力。

4. 混凝土的后浇带

后浇带亦称后浇缝,是一种设计中的临时性的变形缝,在结构的一定部位暂时不浇筑,待结构变形基本完成后,再用膨胀性混凝土浇筑,使之成为整体,用以取代伸缩缝、沉降缝、地震缝的作用,使设计简化,施工进度加快,也有较明显的经济效益。近年来在许多重大工程中采用了后浇缝的做法,证明是行之有效的。随着高层建筑的发展,裙房与高层建筑之间的沉降差,用后浇缝去解决，较之沉降缝的一般做法，省事而有效。

(1)后浇缝的作用与位置。

后浇缝的作用可以分为三种：

①后浇收缩缝用以解决钢筋混凝土收缩变形。

②后浇温度缝用以解决钢筋混凝土温度应力。

③后浇沉降缝用以解决因层高、荷载、结构不同造成的沉降差。

实际上后浇缝的设置可以同时起到以上两种或三种作用。

后浇缝的位置应选择在内力较小的部位，一般应从梁、板的 1/3 跨部位通过，或从纵横墙相交的部位或门洞口的连接处通过，并能使断开后，几个独立部分能自由地变形。

(2)后浇缝的构造。

后浇收缩缝和后浇温度缝理论宽度只需 10mm 即能保证温度收缩变形。但考虑施工方便，并避免应力集中，使后浇缝在补充后承受第二部分温差及收缩作用下的约束变形，缝宽多为 700～1000mm。后浇沉降缝的宽度应根据沉降差来确定，并反算出内力，在配筋上予以加强。一般高层建筑与裙房之间的后浇沉降缝，缝宽为 1000mm，做法见图 2-17。

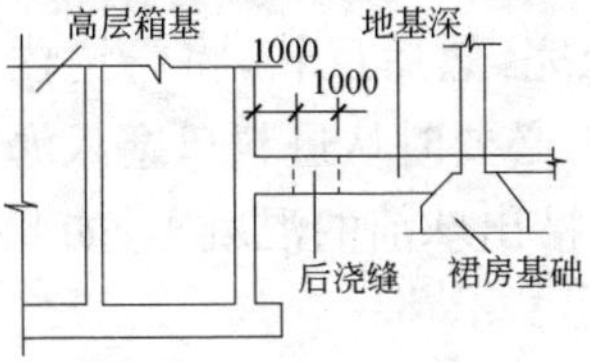

图 2-17　建筑的后浇沉降缝

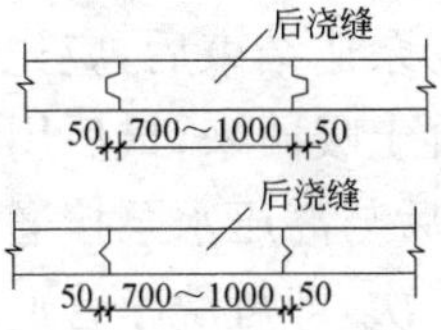

图 2-18　后浇缝的断面形式

后浇缝的钢筋可以断开，也可以连续，断开的钢筋在混凝土补齐前予以搭接或焊接。后浇缝应贯通地上地下结构，设计时要说明留缝的具体位置和缝宽，施工中要注意后浇缝处拆模后的支撑。

在补齐混凝土前一定要将接缝面凿毛，钢筋除锈，清洗干净。为使接缝结合更好，或有防火要求时，后浇缝宜作成企口式，见图 2-18。

(3)后浇缝的保留时间。

后浇缝保留时间越长，收缩、温差、沉降的变形越充分，但尽量在施工期间内完成，以免影响设备安装和地面施工。后浇收缩缝宜在 2 个月后补齐(此期间可完成混凝土收缩量的 60%)，后浇温度缝则宜选择在温度较低时浇筑，以免产生过大的温度应力；后浇沉降缝应待主体结构封顶后不少于 1 个月浇筑，以减少残余沉降差引起的内力。

(4)停泵要求。

①泵送要连续进行，遇有不正常的情况时，可减慢速度，如反泵混凝土泵车，可使浇筑软管对准料斗，使混凝土进行循环。

②短时间停泵要注意观察压力表，逐渐过渡到正常泵送；长时间停泵，应每隔 4～5min 开泵一次，使泵正转或反转各两个冲程，同时开动料斗中的搅拌器，防止混凝土离析。

③停泵时间超过 30min，宜将混凝土从泵和管道中清除。

④泵送结束后，应先将混凝土压完，然后反转，将管道内残留混凝土吸回来，最后用水清洗管道，必要时从进料口塞入海绵球，然后与高压水泵接通，开动水泵，推出球前的混凝土，如此操作二三次，即可洗净管道内的混凝土。

(5)导管要求。

①导管应牢固地固定在支承件上，特别是垂直管，松动易造成磨损。

②夏季要防止管内脱水造成堵塞，冬季要保温防止冻结。

③导管的布置应尽可能短而直，少转弯。

④在高层泵送中,防止导管中混凝土回压,在向下泵送时,防止导管内出现真空。

四、大体积混凝土施工

现代工业与民用建筑中,大体积混凝土的工程规模日趋扩大,尤其是一些基础工程,其体积达几千立方米以上者,厚度达2～3m,长度超过100m。建筑物的基础最小边尺寸在1～3m范围内,就属大体积混凝土。

水泥中的水化热,是由于大体积混凝土,内部升温比表面升温大得多,在降温时内部又比表面慢得多,混凝土各部分的热胀冷缩,以及内部与外部的约束作用,使混凝土产生温度变形和相应的温度应力,当它们超过混凝土所能承受的拉力极限值时,混凝土就会出现裂缝。这是大体积混凝土施工中必须解决的主要技术问题。

1.大体积混凝土基础的浇筑

大体积混凝土基础类型主要有大型设备基础、大面积满堂基础、大型构筑物基础等。大体积混凝土基础要求整体性高,混凝土必须连续浇筑,不留施工缝。因此,除应分层浇筑,分层捣实外,同时要保证上下层混凝土在初凝前结合好。大体积混凝土基础浇筑工作量大,同时又要防止水泥水化热过大而产生的温度裂缝。所以要认真做好施工方案,确保基础的浇筑质量。

(1)混凝土的灌注。

①混凝土灌注时,除用吊车等起重机械直接向基础模板内下料外,凡自高处自由倾落高度大于2m时,须采用串筒、溜槽下料,以防止混凝土离析现象。

②串筒布置应适应浇筑面积、速度和混凝土摊平的能力。

串筒间距不应大于3m。用交错式更有利于混凝土的摊平。

③每个串筒卸料点,成堆的混凝土应用插入式振捣器迅速摊平,插入的速度应小于混凝土的流动速度,否则就变成振捣。

(2)浇筑方法。

大体积基础的浇筑应根据整体性要求、结构大小、钢筋疏密、混凝土供应等情况,采用以下三种方法浇筑:

①全面分层:全面分层法适用于平面尺寸不大的结构。在整个混凝土内部全面分层浇筑混凝土(图2-19a),第一层全面浇筑完毕后,在混凝土初凝前,立即浇筑第二层,如此逐层进行,直至浇筑完成。施工时应从短边开始,沿长边进行浇筑。如果长度较长也可分为两段,从中间开始向两端或从两端向中间同时进行。

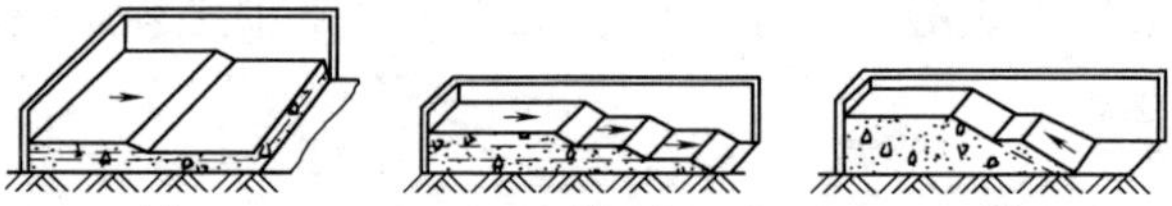

(a) (b) (c)

图2-19 混凝土的浇筑方法

(a)全面分层;(b)分段分层;(c)斜面分层

②分段分层:适用于厚度不大而面积或长度较大的结构(图2-19b)。混凝土从底层开始浇筑,进行到一定距离后回来浇筑第二层。如此依次向前浇筑以上各分层。

③斜面分层:适用于结构长度超过厚度三倍的基础。振捣工作从浇筑层的下端开始,逐渐上移(图2-19c),以保证混凝土浇筑质量。

(3)振捣。

人工振捣应与浇灌同时进行,边布料,边捣插,不宜用力过猛。防止将模板拼缝扩大,引致漏浆;防止将钢筋、预埋件及保护层垫块等移位。必须保证混凝土在浇筑时不发生离析。同时分层的厚度决定于振捣棒的长度和振动力的大小，混凝土供应的厚度决定于振捣棒的长度和振动力的大小，混凝土供应量的大小和可能灌注量的多少，一般为 20～30cm。同时浇筑应在室外气温较低时进行，混凝土浇筑温度不宜超过 28℃。

2. 预防大体积混凝土裂缝的措施

大体积混凝土产生裂缝多出现在升温时或降温时，升温时易出现表面裂缝，一般混凝土成型后第三天升温最高，也最容易出现表面裂缝。收缩裂缝多出现于降温时，由于热量散失而产生收缩，再加上混凝土硬化过程中，内部水分的水化和蒸发，胶质体的胶凝作用，促使混凝土收缩，这两种收缩由于受到基底或结构本身的约束，当收缩应力超过当时的混凝土极限抗拉强度时，就会产生收缩裂缝，这种裂缝有时会贯穿全断面，危害较严重，见图 2-20。

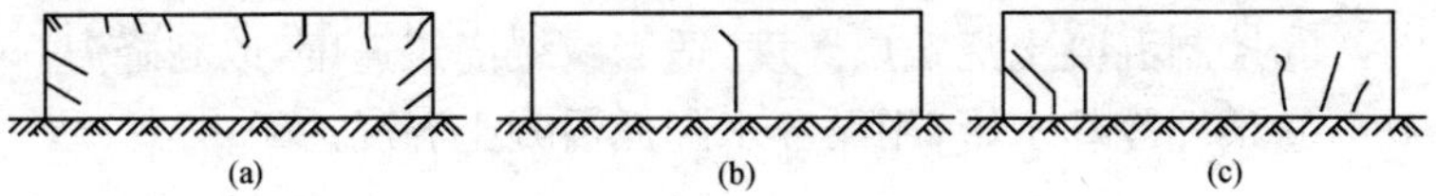

图 2-20　温度裂缝

(a)表面裂缝；(b)、(c)收缩裂缝

在施工前必须会同有关部门拟定相应的技术措施。为防止裂缝的产生，应注意以下几点：

(1)制定合适的允许温差。

大体积混凝土施工，要在施工期间对混凝土采取温度控制，就是控制混凝土的内外温差，以减小早期温度应力，从而避免裂缝的发生。

此外,控制内外温差固然重要,但是,许多裂缝的原因往往是温度陡降造成的。因为温度陡降,温度应力形成较快,徐变的影响较小,所以温度陡降的容许值远比内外温差小得多。通常采用的温度陡降的容许值是10℃。

大体积混凝土基础的地基很少是岩基,因此内部温差也不能忽视。若是旧混凝土或岩石地基时,应严格控制内部温差,以防止产生贯穿裂缝。常用的内部温差容许值较低,一般为12～20℃。

(2)采取适当的温度控制。

预防大体积混凝土裂缝的基本条件是控制施工中的实际温差要小于容许温差。施工中一般可采取以下一些降温措施:

①选用水化热较低的水泥,降低T_r。

②减少水灰比和水泥用量,使用减水剂、加气剂、塑化剂,进一步降低T_r,但应保证混凝土的强度等级。

③降低混凝土的入模温度,如石子浇水、水中加冰块等,降低T_p。

④条件允许时,可投入毛石,以利降温,进一步降低T_p。

⑤控制混凝土浇筑层厚度,适当减缓浇筑速度,以利降温。

⑥预埋冷却水管,用循环水降低混凝土温度。

五、清水混凝土工程施工

1. 清水混凝土分类及做法要求

清水混凝土是直接利用混凝土成型后的自然质感作为饰面效果、不做其他外装饰的混凝土工程。

(1)清水混凝土的分类。

①普通清水混凝土工程:混凝土硬化干燥后表面颜色均匀、且其平整度及光洁度均高于国家质量验收规范标准的建筑物或

构筑物，称为普通清水混凝土工程。

②饰面清水混凝土工程：以混凝土本身的自然质感和精心设计、精心施工的对拉螺栓孔眼、明缝、蝉缝组合形成自然状态作为饰面效果的混凝土工程。

③装饰清水混凝土工程：利用混凝土的拓印特性在混凝土表面形成装饰图案或预留、预埋装饰物的清水混凝土工程或彩色清水混凝土工程。

(2)清水混凝土的特点。

①清水混凝土纯朴的自然美备受人们的重视，它独有的厚重与清雅是其他现代建筑材料无法效仿和媲美的。清水混凝土建筑是实现高效率地利用资源并最低限度地影响环境的生态建筑。

②各类清水混凝土的一个共同特点是不抹灰，它成型后的表面平整度已经达到抹灰标准，这就节省了大量抹灰的湿作业，节省了人工、装修材料和施工费用，缩短了工期，特别是避免了因抹灰质量问题带来的开裂、空鼓等现象，防止了因抹灰脱落造成的安全隐患。

③清水混凝土比普通混凝土在表面质量方面要求高，它的最终效果取决于模板设计、加工、安装、节点细部处理、钢筋绑扎、混凝土配制、浇筑、振捣、养护等多种因素，在成品保护、施工管理等方面也都有较高的要求。

(3)清水混凝土表面类型和做法要求。

清水混凝土表面类型和做法要求见表2-8。

表2-8　清水混凝土表面类型和做法要求

清水混凝土类型	清水混凝土表面做法要求	混凝土表面质量相当于抹灰等级	备注
普通清水混凝土	以混凝土表面自然质感为饰面	普通抹灰	

续表

清水混凝土类型	清水混凝土表面做法要求	混凝土表面质量相当于抹灰等级	备注
饰面清水混凝土	以混凝土表面自然质感为饰面	高级抹灰	蝉缝、明缝清晰,孔眼整齐
	混凝土表面上直接作保护透明涂料	高级抹灰	孔眼按需设置
	将混凝土表面砂磨平整为饰面	高级抹灰	蝉缝、明缝、孔眼按需设置
装饰清水混凝土	混凝土本身自然质感以及表面形成装饰图案或预留预埋装饰物	高级抹灰	蝉缝、明缝,孔眼按需设置

(4)清水混凝土模板。

为能确保混凝土表面质量和外观效果能达到清水混凝土质量要求和设计效果的模板,可选择多种材质制作。模板必须做到表面平整光洁,模板分块、面板分割和穿墙螺栓孔眼排列规律整齐,几何尺寸准确,拼缝严密,周转使用次数多等要求。

(5)清水混凝土的蝉缝与明缝。

①蝉缝:模板拼缝或面板拼缝在混凝土表面上留下的隐约可见、犹如蝉衣一样的印迹。整齐匀称的蝉缝是混凝土表面的一种装饰效果。当建筑施工图中有明确的尺寸时,按建筑施工图配模施工,如没图示要求,则配模设计时应按照设缝合理、均匀对称、长宽比例协调的原则,确定模板分块、面板分割尺寸。

②明缝:明缝是凹入混凝土墙内的分格线或装饰线,明缝位置也可作为模板上下连接和分段、分块连接的施工缝,可设在模板周边,也可设在面板中间。明缝是清水混凝土表面质量的主要检查项目之一,也是清水混凝土的一种装饰效果,与蝉缝可同时出现在混凝土表面上。

2. 清水混凝土模板施工

(1)模板施工技术措施。

①以胶合板为面板的模板,应选择质地坚硬、表面平整光洁、色泽均匀、厚薄一致的优质胶合板。胶合板的表面覆膜质量不小于120g/m^2 模板的肋和背楞顺直整齐,模板总厚度控制准确。

②钢模板应选择6mm厚的原平板作面板,钢模板的质量应符合全钢大模板应用技术规程。模板表面平整光洁,无凹凸、无伤痕、无修补痕迹。

③模板运到现场后,应认真检查模板及配件的规格、数量、产品质量,做到管理有序对号入座。

④模板表面不得弹放墨线、油漆写字编号,防止污染混凝土表面。

⑤模板上除设计预留的穿墙螺栓孔眼外,不得随意打孔、开洞、刻画、敲钉。

⑥脱模剂应选用不对混凝土表面质量和颜色产生影响的优质水性脱模剂。

(2)模板的制作、安装。

①模板的材料可以采用钢模板或用高强覆塑木胶合板或竹胶板,板面必须平滑无锈斑。

②安装前应将模板的旧浆清洗干净,再涂脱模剂。脱模剂应为透明的无杂色、无沉渣的液态料。

③墙体应尽量使用大模板,减少拼缝。

④模板的安装和拆除,均应先试行操作。使用中不得将模板的边角撬坏,也不得伤及已浇筑好的外表面。

⑤模板安装时,所有拼缝应用粘胶纸封口,以防漏浆。

⑥梁、柱、墙等的阴阳角,可采取多种措施进行处理,以避免漏浆,或避免碰撞崩角,见图 2-21(a)为阳角部位,较简单措施是在交角处粘贴粘胶纸,或加三角形木线条;图 2-21(b)为阴角部位,在交接处用削边木条压角,较为牢靠。

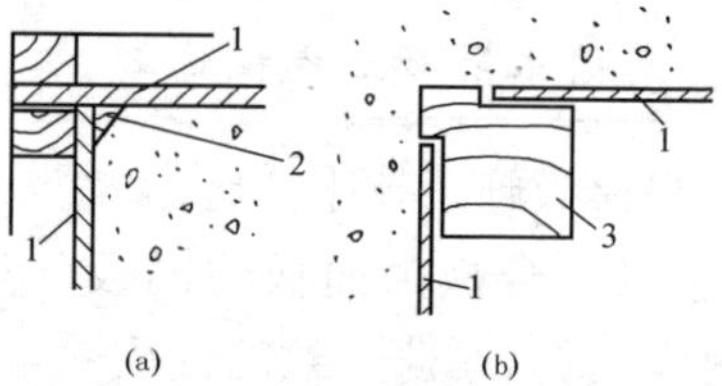

图 2-21　阴阳角模板的处理

(a)阳角部位;(b)阴角部位

1—模板;2—三角形木线条;3—削边木压条

(3)模板拆除。

①模板拆除要严格按照施工方案的拆除顺序进行,并加强对清水混凝土成品和对拉螺栓孔眼的保护。

②模板拆除时间应严格按照《混凝土结构工程施工质量验收规范》(GB 50204—2015)中的规定执行。

③拆除模板时,要按照程序进行,操作人员不得站在墙顶采用晃动、撬动模板,禁止用大锤敲击,防止混凝土墙面及门窗洞口等出现裂纹和损坏模板。

④拆除模板时,应先拆除模板之间的对拉螺栓及连接件,松动斜撑调节丝杠,使模板后倾与墙体脱开,在检查确认无误后,方可起吊大模板。

⑤拆除模板后,应立即清理,对变形与损坏的部位进行修整,并均匀涂刷脱模剂,吊至存放处备用。

3. 清水混凝土施工

(1)混凝土搅拌。

①混凝土配合比。可按常规配合比进行设计。但应考虑下

述几个方面：

为保证混凝土外表颜色一致，所用水泥应全过程使用同一厂生产的同一品种、同一强度、同一批号的水泥；

不得掺用粉煤灰，以免造成外表颜色不一致；

为了保证外表砂浆饱满，砂率可超过 40%，通常为42%～45%。

②混凝土搅拌。可按混凝土搅拌常规进行，但搅拌时间应延长1～2min。

如采用商品混凝土，应在供应合同上注明清水混凝土要求的四个统一和不得掺用粉煤灰的要求，强调供应商的责任。

(2)保护层设置。

清水混凝土钢筋保护层的设置，为杜绝锈色，不应采用焊接短钢筋作垫块。如用塑胶垫块，也难避免斑斑点点的胶痕颜色；如用传统的方形水泥垫块，露出的痕迹较大；可改用半圆形垫块(图 2-22)。因其为圆形，混凝土容易将垫块垫离模板，则其外露痕迹较小，且因用水泥砂浆制作，其颜色较接近，可以推广。

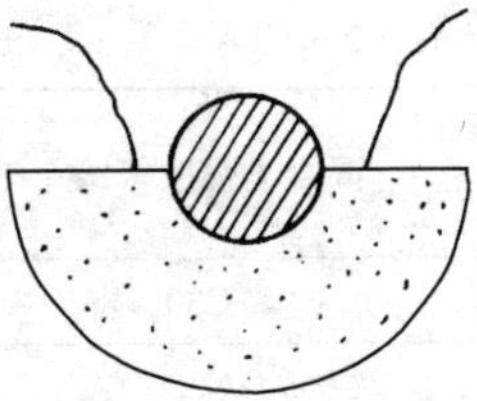

图 2-22　半圆形水泥垫块

(3)混凝土的浇筑。

混凝土的浇筑除按常规操作外，应着重注意下列技巧。

①浇筑前检查模板的边、缝有无透光缝隙，有无混凝土旧浆未清，并加以纠正。

②施工缝接槎作业应按下列程序：清理旧槎→冲洗→湿润→清积水→清除浮松石子或杂物→浇筑(先浇砂浆、后浇混凝土)。

③观察来料是否离析，如粗骨料过多，浆料不足时，应退回

并更换符合要求的浆料。

④布料每层不宜太厚,一般为300~400mm便可,避免振捣不均匀。

⑤保证振捣密实,外侧面应专人用振捣器振捣至泛浆为合格。

⑥如因故停歇,不宜太久,时间要求见表2-9,也应对新旧槎口多作振捣,避免出现接缝痕迹。

⑦各种预埋件、电器开关插座等应预先埋置,后浇筑。

⑧柱、墙的施工缝可参照第三条"混凝土施工缝"的相关要求,模板的装置处理见图2-23。

表2-9　混凝土运输、浇筑和间隙的时间　(单位:min)

混凝土强度等级	气温(℃)	
	≤25	>25
≤C30	210	180
>C30	180	150

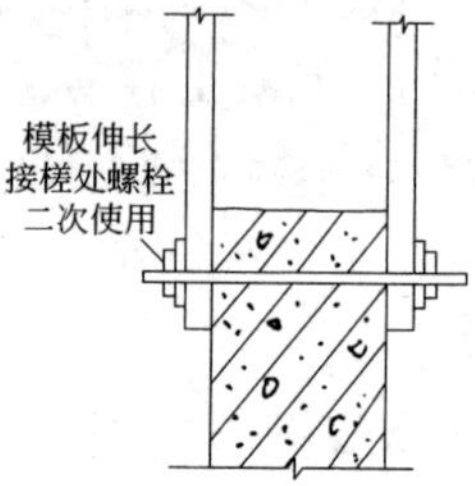

图2-23　施工缝模板的装置

六、混凝土冬雨期施工

当室外日平均温度连续五天稳定低于5℃时,混凝土的施工应按冬期施工方法进行。因为在这样的温度条件下,采用常温的施工方法，会使混凝土达不到预期的要求，所以必须采用冬期施工方法。

混凝土在负温条件下内部有可能遭受冻结。当混凝土内部的自由水结冰，其体积就膨胀 8%～9%，产生较大的冰胀应力。而新拌混凝土的强度随水泥的不断水化硬化而提高，混凝土内部各组成材料之间的黏结应力亦不断提高。当这种黏结应力小于冰胀应力时，混凝土内部即遭破坏或强度受到损失。混凝土在遭结冰时所具有的抵抗冰胀应力的最低强度，称为混凝土的临界强度，其值见表 2-10。

表 2-10　混凝土的抗冻临界强度

序号	项目	抗冻临界强度
1	硅酸盐水泥、普通硅酸盐水泥	不小于配制强度的 30%
2	矿渣硅酸盐水泥	不小于配制强度的 40%
3	≤C10 的混凝土	≥5MPa

因而，冬期混凝土的施工关键在于保证混凝土在达到临界强度以前不遭冰结，或保证其内部的自由水不冻结。

1. 蓄热法施工

蓄热法是在浇筑的混凝土表面覆盖保温材料，利用加热混凝土的原材料的热量及水泥水化的热量，使混凝土在冻结前达到所要求的强度的方法。

(1)对材料的要求。

①水泥应优先选用硅酸盐水泥和普通硅酸盐水泥。如用矿渣水泥应同时考虑蒸汽养护。水泥用量不得少于 300kg/m^3，厚大体积的混凝土的水泥用量可根据实际情况确定。

②骨料除应符合混凝土所用骨料的要求外，不得带有冰雪

或冻结物。

(2)对原材料的加热。

当外界气温4～5℃时,如骨料不含冰块,可不加热,只将水加热。如外界气温低于－5℃时,水、砂、石应分别加热。但无论何时不可对水泥加热,可将水泥提前运入暖棚中升温。水的加热可直接向贮水箱送蒸汽,或装蛇形导热管或散热器,或用水炉、水箱、大锅直接加热。贮水箱内应有温度计,以便观察和控制水的温度。骨料的加热方法:在骨料内装置蛇形导热管或散热器,也可以用火炕烘烤,也可直接喷射蒸汽,但需将含水量扣除。露天堆放的骨料应加以覆盖,防止砂石冻结成块。

材料加热温度的控制:当用低于52.5级的普通水泥及矿渣水泥时,水温应小于80℃,骨料温度应小于60℃;当用大于52.5级的硅酸盐水泥或普通硅酸盐水泥时,水温应小于60℃,骨料温度应小于40℃。如骨料不加热,拌和水可加热至100℃。

投料顺序:先投骨料和水,稍作搅拌后再加入水泥,水泥不可与超过80℃的水直接接触,以防止发生假凝。水泥的假凝即为刚搅拌的混凝土拌和物在很短的时间内出现和易性差、浇筑困难,表面上似乎达到凝结状态,但却没有一般速凝所伴随的放热现象,没有进行水化反应,强度也不增长。为了避免混凝土速凝,混凝土出机温度如下:当采用32.5级普通水泥、矿渣水泥拌和混凝土时,出机温度不得大于40℃;当采用42.5级普通硅酸盐水泥拌和混凝土时,出机温度不得大于35℃。

测温时,温度计停留在材料内的时间:砂石内为3min,水内为2min。搅拌时间应比常温搅拌时间延长50%。

(3)运输与浇筑。

为了减少混凝土拌和物在运输过程中热量的散失,应对运输器具进行保温。垂直运输混凝土处的井架等应用保温材料封闭，使混凝土每小时温度的降低最好不超过5～6℃。运输的时间及距离以使混凝土不产生离析现象及丧失塑性为准，为此运距要尽量缩短，装卸的次数越少越好。

冬期在浇筑混凝土之前应做好准备工作，如清理模板、钢筋上的积雪、杂物、垃圾等。准备好保温材料，且不得受潮。浇筑前检查保温、防风设施是否严密、符合要求。待混凝土运来后立即入模、振捣。分层振捣的，下一层在被上一层混凝土覆盖时的温度不得低于2℃。随浇筑随盖保温材料，尽量减少工作面，以减少散热面积。应特别注意保温材料在搭接处及边缘等地方的处理，以避免形成孔洞、缝隙，防止冷空气侵入造成事故。

不能在强冻胀地基上浇筑混凝土，在弱冻胀（如砂土）地基或其他冻结层上浇筑时，可采用使混凝土保温、预热或掺外加剂等措施，使其在达到临界强度前不遭冻结。

蓄热法采用稻草垫、厚草帘、锯末、帆布等导热系数小的材料做保温材料。此法施工简单、价格低廉，冬期施工宜优先考虑采用。

蓄热法适用于－15℃以上的不太冷的地区及秋末或初春的季节，适用于表面系数不大于5的构件及地上混凝土工程。对于表面系数在6以上，气温在－15℃以下较寒冷地区也可以采用蓄热法，但要经热工计算，并采取特别保温措施。

2. 综合蓄热法施工

当采用一般蓄热法不能满足施工要求时，可采用综合蓄热法。

综合蓄热法就是利用高效能的保温材料对混凝土构件进行保温，利用对混凝土的原材料进行加热及水泥水化的热量，掺外加剂以及对混凝土进行短时加热养护等措施，使混凝土在冻结之前达到所需强度的方法。

综合蓄热法是在蓄热法的基础上，根据具体情况，常配合选用以下一些措施。

(1)使用早强剂、减水剂、抗冻剂等外加剂，加速混凝土的凝结硬化，降低混凝土的冰点。这些外加剂在混凝土中的掺量、施工条件及使用效果，见表2-11。

表2-11　　混凝土使用抗冻剂的掺量、施工条件及效果

序号	室外温度(℃)	掺量(水泥质量，%)					施工条件	使用效果
		三乙醇胺	氯化钠	亚硝酸钠	硫酸钠	木钙		
1	0	0.03			2.0	0.20	浇筑温度大于10℃，覆盖保温，维持72h	可达设计强度40%
2	−5			2.0	2.0	0.5		
3	−5～−10	0.05	0.5～1.0	0.5～1.0			浇筑温度大于15℃，覆盖保温在0℃以上，维持72h	
4	−10～−15	0.05	0.5～1.0	0.5～1.0			浇筑温度大于25℃，覆盖保温严于前一项，维持72h	

(2)地面以下的结构应尽量利用土壤热源。

(3)将蓄热法与外部加热法、早期短时加热法合并使用。如用早期短时的电热；利用锯末加生石灰，适当洒水，使石灰消解放出热量对混凝土进行短时加热等。

(4)采用高强度等级水泥及水化热高的矾土水泥。

(5)减少水灰比，降低用水量，采用干硬性或低流动性混凝土等。

为保证蓄热法和综合蓄热法的可靠性，必须进行热工计算及测温工作。做热工计算时必须仔细考虑构件的情况、气温规

律、可能采取的保温措施等。必须通过热工计算证明可靠，才可采用蓄热法、综合蓄热法。

混凝土的测温工作贯穿于从原材料加热到撤除保温材料的整个过程。对于混凝土出机温度、运输过程中的温度、入模温度，以及保温过程中的温度，均应经常测量。在蓄热养护期间，每天至少测3～4次，并经常校核热工计算，并做记录。如发现异常，应及时采取措施。

测温孔的位置应有代表性，如测温点的布置应在最易冷却的地方；大体积混凝土应在内部及表面同时布置；验证拆模强度的，应布置在受力最大的部位，并应画出测温孔的布置图。

3. 暖棚法施工

利用保温材料搭成暖棚，棚内生火，或通以蒸汽、或采用太阳能、或采用电热器等，使棚内的温度保持在10～20℃。同时应保持室内的空气及混凝土构件具有一定的湿度。当采用火炉时，必须设置排烟装置，以防止煤气中毒。炉火不能紧靠混凝土，以免引起局部开裂，使碳化反应深入。炉上烧水，以提高空气湿度，并对混凝土洒水。当采用其他热源时，可设置水盆若干个，以保证棚内的湿度。

暖棚法是人为地给混凝土创造一个适宜的养护环境，适用于中小型构件的生产场地或混凝土量较集中的施工区段。

4. 蒸汽养护法施工

即利用低压蒸汽对混凝土构件进行均匀加热，使之处于适宜的温度和湿度的环境中，以促进水泥的水化作用。但此法费用较高，多用于预制厂集中生产及蒸汽来源方便的情况。蒸汽加热的方法有以下几种：

（1）蒸汽室法。

利用坑道或可拆卸的蒸汽室，通入蒸汽，对混凝土进行养护。此法多用于预制厂或加热地下的混凝土结构，如柱、设备基础等。

（2）汽套法。

就是在混凝土模板外再加一个封闭不透气的套模板，两模板之间保持 15cm 的空隙，往空隙内通入蒸汽，对混凝土加热，套内空气的温度可达30～40℃。采用分段送汽，温度容易控制，加热期短。但此法费用高，一般只适用于水平构件的梁板等。

（3）毛管法。

在混凝土模板的内表面做成许多凹槽，凹槽上盖以铁皮，形成毛细管模板。往凹槽内通蒸汽，使混凝土均匀加热。此法用汽少，加热时间短且均匀易控制。但设备较复杂，适用于垂直结构的墙柱等工程。

（4）结构的内部通蒸汽法。

浇筑混凝土时在其内部预埋胶皮管，管内预先灌水使其膨胀，或预埋钢管（外涂隔离剂）。待混凝土具有一定强度后，将管子抽出，使混凝土内部形成预留孔道。在孔道的一端插入短管，往管内通入蒸汽，加热混凝土。当混凝土达到要求的强度后，排除孔内的冷凝水，把砂浆灌入孔内。预应力混凝土须待强度达到设计强度 75%以上时，张拉钢筋后进行孔道灌浆，封闭预留孔。

所预埋管子的直径为 13～50mm，不用保温，但当室外温度低于－10℃时，应在混凝土表面适当覆盖保温材料，往孔内所通蒸汽的温度应控制在30～60℃。

试验证明在温度为 30～40℃下养护 72h 或 40～60℃下养护 36h，混凝土强度可达到设计强度的 80%。此法施工简单，节约蒸汽，但所加热的温度不均匀，温度不易控制，易产生脱水现象。适用于加热预制柱、梁、空心板等构件。

蒸汽养护法应注意升温及降温的速度，不得超过相关规定，见表2-12。

表2-12　一般混凝土蒸汽养护的升降温速度

项次	表面系数	升温速度(℃/h)	降温速度(℃/h)
1	≥6	15	10
2	<6	10	5

蒸汽养护法所用的蒸汽应为低压饱和蒸汽（气压<0.07MPa），以保持适宜的温度和湿度。普通水泥配制的混凝土所通过蒸汽的温度不可超过80℃，矿渣水泥配制的混凝土所通蒸汽的温度可为85～95℃。

5. 使用硫铝酸盐负温早强混凝土施工

负温早强混凝土，是由早强硫铝酸盐水泥、适当的抗冻早强剂、砂石骨料加水拌制而成的正温混凝土拌和料，在气温为−25℃以上的负温环境中浇筑，能以较快的速度凝结硬化。由于硫铝酸盐水泥在水化时放出大量的热，且集中于混凝土的早期阶段，可使混凝土在正温下快速硬化。

负温早强混凝土在负温（−25℃以上）下施工，不用任何加热措施，仅需以热水拌制，棉毡、草帘等一般保温材料保温，故施工方便、节约能源，并且不受临界强度的限制，其使用范围及注意事项如下。

(1)使用范围。

①装配结构的接头、孔道灌浆。

②截面平均厚度小于 50cm 的梁、板、墙的预制与现浇。

③特别适用于上述项目的抢修、抢建工程的施工，但大体积混凝土及有耐火要求的、或使用温度经常大于 100℃ 的工程和部位不宜采用。

（2）一般注意事项。

①早强硫铝酸盐水泥必须符合国家专业标准要求，运输保管要与其他水泥分开，不得与硅酸盐水泥或石灰等碱性材料混用。

②采用亚硝酸钠作为促凝剂较好，其质量必须合格，且掺量不大于水泥质量的 4%。

③负温早强混凝土的坍落度要比普通混凝土增加1～2cm，水泥用量不得少于 280kg/m^3，水灰比不得大于0.65。

④砂石材料的温度最好保持在 0℃ 以上，为满足施工要求的拌和温度，可将水加热，但水温不得超过 60℃，并且在搅拌时不得与水泥直接接触。

⑤当混凝土中的水泥用量大于 350kg/m^3 时，为了避免粘罐，投料顺序为：先加石子和一半的水拌和 30s，然后加砂、水泥和另一半水搅拌均匀。

⑥拌和好的混凝土应尽快运输、浇捣；当混凝土失去流动性后，不允许再加水拌和使用。

⑦浇筑后应立即抹平，盖一层塑料布，然后再加保温材料，不得采用高温蒸养及电热养护。

（3）用于装配式结构接头的负温早强混凝土，施工中应注意以下问题：

①水灰比应尽可能小，一般为 0.4～0.5。

②亚硝酸钠掺量可根据当天预计最低温度见表 2-13。

表 2-13　亚硝酸钠掺量参考表

预计当天最低气温(℃)	0～－5	－5～－15	－15～－25
亚硝酸钠掺量(占水泥质量%)	0～1	1～3	3～4

③混凝土拌和物的温度应以15～25℃为宜，不得低于5℃。先加热水，如果温度不够再加热砂石。

④浇筑前将接头处清理干净，当温度低于－10℃时，需设法预热，浇筑完后抹平，盖一层塑料薄膜，再加保温材料。

(4)对于现浇和预制的构件，当其截面的平均厚度为20～50cm时，采用负温早强混凝土应注意：

①亚硝酸钠掺量及防冻措施，见表2-14。

表 2-14　亚硝酸钠掺量及防冻措施

预计当天最低气温(℃)	＞－5	－5～－15	－15～－25
亚硝酸钠掺量(占水泥质量,%)	0	0～3	2～4
防冻措施	简单保温	水加热,适当保温	水、砂加热,加强保温

②混凝土浇筑温度以5～15℃为宜，不得低于2℃。

③当温差较高时，要特别注意拆模后由于温差造成的裂缝；要求冷却到5℃后方可拆模，拆模后，如果与外界温差为20℃时，表面应保温，使其缓慢冷却。

6. 掺外加剂法施工

冬期在混凝土中掺外加剂，可不需采取加热措施而使混凝土在负温条件下继续水化、硬化，达到预定的强度，是一种简便、经济的冬期施工方法。

(1)冬期施工常用的外加剂有抗冻剂、早强剂、减水剂、阻锈剂等。常用抗冻剂的施工配方见表2-15。

表 2-15　　现场配制复合防冻剂各组分掺量限值

使用温度(℃)	防冻剂各组分配方(占水泥质量,%)
不低于−5℃	(1)食盐 1%＋亚硝酸钠 1%＋硫酸钠 2%＋木钙 0.25%
	(2)硝酸钠 3%＋硫酸钠 2%＋木钙 0.25%
	(3)亚硝酸钠 2%＋硫酸钠 2%＋木钙 0.25%
	(4)碳酸钾 2%＋硫酸钠 2%＋木钙 0.25%
不低于−10℃	(1)食盐 2%＋亚硝酸钠 2%＋硫酸钠 2%＋木钙 0.25%
	(2)硝酸钠 6%＋硫酸钠 2%＋木钙 0.25%
	(3)亚硝酸钠 4%＋硫酸钠 2%＋木钙 0.25%
	(4)亚硝酸钠 4%＋硫酸钠 2%＋木钙 0.25%
	(5)碳酸钾 4%＋硫酸钠 2%＋木钙 0.25%
不低于−15℃	(1)亚硝酸钠 7%＋硫酸钠 2%＋木钙 0.25%
	(2)乙酸钠 2%＋亚硝酸钠 6%＋硫酸钠 2%＋木钙 0.25%
	(3)亚硝酸钠 3%＋硝酸酸 4%＋硫酸钠 2%＋木钙 0.25%
	(4)食盐 3%＋亚硝酸钠 4%＋硫酸钠 2%＋木钙 0.25%
不低于−20℃	(1)亚硝酸钠 3%＋硝酸钠 5%＋硫酸钠 2%＋萘系 0.75%＋松香热聚物 0.005%
	(2)食盐 3%＋亚硝酸钠 5%＋硫酸钠 2%＋萘系 0.75%

注：1. 外加剂掺量均为无水状态的净重；

2. 混凝土硬化温度是指混凝土本身的温度，当无保温覆盖层时，为日最低温度；有保温层时，为日平均温度。

(2)冬期施工掺外加剂混凝土的施工要点：

①配合比：掺引气型抗冻剂时，砂率可降低2%～3%；坍落度严格控制在1～3cm；水灰比控制在0.33～0.6之间；水泥用量不宜低于 300kg/m³。

②搅拌前应用蒸汽或热水对搅拌机进行预热，混凝土的搅拌时间比普通混凝土增加 50%。

③外加剂的加入方法：将外加剂配成浓度 20%以下的水溶液，配制溶液的水温应保持在 30～50℃。使用时，如因温度降低而发生结晶沉淀，必须加热溶解，方可使用。配制引气剂的水温不得低于 90℃，溶液的浓度不得大于 1%。当氯化钙与引气剂或引气型减水剂复合使用时，应先加入引气剂或引气型减水剂，经搅拌后再加入氯化钙溶液。钙盐与硫酸盐溶液，以粉剂直接加入的抗冻剂，如果有结块，则应加以磨细，通过0.63mm的筛孔后，方可使用。

④出机与浇筑温度：掺抗冻剂的混凝土出机温度不得低于 10℃，入模温度不得低于 5℃。

⑤振捣：混凝土运至浇筑地点后，应在 15min 内浇捣完毕，并立即用塑料薄膜及保护材料覆盖。

⑥养护：在负温条件下不得洒水，养护期内每隔2～4h 测温一次。养护温度不得低于抗冻剂所要求的温度，应留二类试块，一类作准养护，一类作同条件养护。同条件养护的试块，应待解冻后方可进行试验。

⑦由于氯盐能使钢筋锈蚀，混凝土收缩，硫酸钠又能增加混凝土的碱性，所以在使用上应遵循表 1-25 所规定的限制。

7. 暑期施工

(1)高温条件下混凝土的搅拌。

在暑期的高温时节，如果砂、石、水和搅拌机直接暴晒于阳光之下，再加上水泥的水化热，由搅拌机倾出的混凝土拌和物必然温度过高，以至常发生假凝现象。

(2)避免假凝的措施。

①首先考虑水的降温，水的比热大，水的温度降低 4℃，混凝土温度可降 1℃。可采用深井水，供水管埋入土中；贮水池加盖，

避免太阳暴晒，往贮水池中加碎冰，但不可让冰块加入搅拌机中。

②在砂石堆场上搭棚防晒，喷洒凉水降温。

③搅拌机及堆放水泥的上方搭防晒棚，将搅拌机涂成白色。在同样的环境中白色比灰色低 5～8℃，白色比黑色低 17℃左右。

④在混凝土搅拌时掺缓凝剂或缓凝型减水剂，如 M183、糖蜜、MF 等。

⑤改在夜间施工。

(3)高温下混凝土的运输。

由于高温，在运输时混凝土坍落度的损失大，和易性很快变差。应采取以下措施：

①搅拌系统应尽量靠近浇筑地点。

②运输混凝土的搅拌运输车，宜加设外部洒水装置，或涂反光涂料。

③加强施工组织与密切协作，以缩短运输时间。

(4)浇筑前应将模板干缩的裂缝堵严，并将模板充分淋湿。

(5)适当减少浇筑厚度，从而减少内部温差。

(6)浇筑后立即用薄膜覆盖，不使水分挥发。

(7)露天预制场宜设置可移动的荫棚，避免制品直接暴晒。

(8)由于高温使混凝土表面水分蒸发快，内部水分的上升量低于蒸发量，使面层急剧干燥，外硬内软，出现塑性裂缝，所以浇筑成型后，必须降低表面蒸发速度。

①可以在上面遮阴，盖草袋湿润养护，对于那些采用湿润养护有困难的结构。

②如柱及面积较大的铺路混凝土等，可采用薄膜养护剂进行养护。

③夏季宜采用白色薄膜。

8. 雨期施工

下雨对混凝土的施工极为不利，雨水会增大混凝土的水灰比，导致其强度降低。刚浇好的混凝土遭雨淋，表面的水泥浆被稀释、冲走，产生露石现象；暴雨还会松动石子、砂粒，造成混凝土表面破损，导致截面削弱，如受损的这一表面为混凝土受拉区，钢筋保护层将被损坏，如阳台、挑檐板等，从而影响混凝土构件的承载能力。

(1)应避免在下雨的时候进行混凝土的施工，如遇小雨，工程没干完，应将运输车和刚浇筑完的混凝土用防雨布盖好，并调整用水量，适当加大水泥用量，使坍落度随浇筑高度的上升而减小，最上一层为干硬性混凝土。

(2)如遇大雨无法施工时，需将施工缝留在适当位置，采用滑模施工的混凝土应将模板滑动 1～2 个行程，并在上面盖好防雨苫布。

(2)对于已遇雨水冲刷的早期混凝土构件，必须进行详细的检查，必要时应采取结构补强措施。

(4)夏季施工多雨，应特别注意收听天气预报，合理调节雨天的进度计划，避免雨天进行室外混凝土的浇筑。

七、混凝土施工缺陷处理

混凝土施工的严重缺陷，由施工单位提出技术处理方案，并经监理(建设)单位认可后进行处理。一般缺陷，由施工单位按技术处理方案进行处理。常见缺陷的一般处理方法如下。

1. 蜂窝

(1)现象。

混凝土表面无水泥浆，露出石子深度大于 5mm，但小于保护层厚度的缺陷。

(2)处理方法。

①凿去蜂窝处薄弱松散的混凝土和突出的颗粒，用水洗刷干净后，用与原混凝土同成分的[或 1∶(2～2.5)，水泥∶砂]水泥砂浆分层压实抹平。

②抹压砂浆前，表面应充分湿润(但无积水)，并刷素水泥浆，一次抹压厚度不超过 10mm。

③第一遍抹压应用力将砂浆挤入和填满石子空隙，砂浆不应太稀，以防止收缩裂缝。

④待第一遍砂浆凝固(表面仍潮湿但手按无印痕)后，进行第二遍抹压。最后的表面层抹压时，应注意压平压光，与完好混凝土的交界处应刮平压光。

⑤待表层砂浆凝固后，用麻袋片包裹或覆盖保温养护。

⑥养护时间同混凝土要求。

2. 露筋

(1)现象。

混凝土内主筋、分布筋和箍筋，没有被混凝土包裹而外露。

(2)处理方法。

①对表面露筋，刷洗干净后，用 1∶2 或 1∶2.5 水泥砂浆压实抹平整，并认真养护。

②如露筋较深，应将薄弱混凝土和突出颗粒凿去，洗刷干净后，用比原来高一强度等级的细石混凝土填塞压实，并认真养护。

3. 孔洞

(1)现象。

混凝土结构内有空腔，局部没有混凝土的缺陷。

(2)处理方法。

应经过有关单位共同研究,制定修补或补强方案,经批准后方可处理。

①一般孔洞处理是将孔洞周围的松散混凝土凿除,用压力水冲洗,支设带托盒的模板,洒水充分湿润后,用比结构高一强度等级的半干硬性细石混凝土仔细分层浇筑,强力捣实,并养护。

②突出结构面的混凝土,须待达到50%强度后再凿去,表面用1∶2水泥砂浆抹光。

③对于面积大而深的孔洞,将孔洞周围的松散混凝土和软弱浆模凿除,用压力水冲洗后,在内部埋压浆管、排气管,填清洁的碎石(粒径10～20mm),表面抹砂浆或浇筑薄层混凝土,然后用水泥压力灌浆方法进行处理,使之密实。

4. 夹渣

(1)现象。

施工缝处混凝土结合不好,有缝隙或夹有杂物,造成结构整体性不良的缺陷。

(2)处理方法。

①缝隙夹层不深时,可将松散的混凝土凿去,洗刷干净后,用1∶2或1∶2.5水泥砂浆填嵌密实。

②较深时,应清除松散部分和内部夹杂物,用压力水冲洗干净后支模,强力灌细石混凝土捣实,或将表面封闭后进行压浆处理。

5. 疏松

(1)现象。

混凝土结构由于漏振、离析或漏浆造成混凝土局部无水泥浆,且深度超过蜂窝的缺陷。

(2)处理方法。

凿除疏松的混凝土,按孔洞处理方法进行处理。

6. 裂缝

(1)现象。

混凝土结构由于收缩、温度、沉降、表面干缩、超载或承载能力不足等原因造成混凝土表面出现 0.05mm 以上的宏观裂缝。

(2)处理方法。

①对裂缝进行宽度和深度观测,分析裂缝产生的原因及危害性。

②对于由于沉降、超载或承载能力不足引起的裂缝,应对裂缝发展进行观测。如裂缝继续开展,应立即查明原因,采取结构加固或补强措施。

③对于室内正常环境、年平均相对湿度小于 60%地区的受弯构件,裂缝最大宽度小于 0.4mm;室内正常环境、设计允许出现裂缝的构件,裂缝最大宽度小于 0.3mm;室内潮湿环境,非严寒和非寒冷地区的露天环境,与无侵蚀性的水或土壤直接接触的环境,使用除冰盐的环境,严寒和寒冷地区冬期水位变动的环境,滨海室外环境,设计允许出现裂缝的构件,裂缝最大宽度小于 0.2mm;设计允许出现裂缝的预应力钢筋混凝土构件,裂缝最大宽度小于 0.2mm 等。

属于上述情况之一的混凝土裂缝,经观察不再发展的,可不进行处理;属于上述情况之一的裂缝,但个别裂缝宽度超过了上述最大裂缝宽度值,经观察不再发展的,可采取“表面修补(封闭)法”处理。

④对于有渗漏水的裂缝,应采用“内部修补法”进行处理。

八、预制构件施工

预制构件通常是由工厂加工构件，现场装配施工。对于一些单层工业厂房的大中型构件，为避免运输上的不便，则选择在施工现场就地预制的方法施工。下面仅对与混凝土工相关的现场预制施工和预制构件装配进行介绍。

1. 现场预制构件的平面布置

现场预制构件平面布置的原则，是按照吊装工序的安装，使柱、梁、屋架等均能就地起吊、安装。以单层工业厂房的现场预制平面布置为例，见图 2-24。

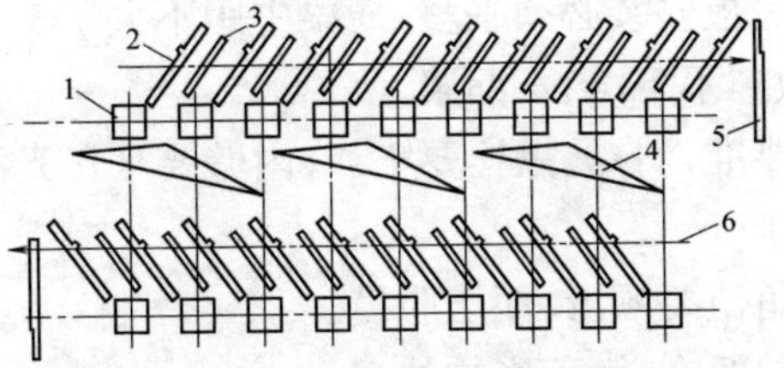

图 2-24　现场预制构件的典型平面布置图

1—杯形基础；2—柱；3—吊车梁；4—屋架；5—抗风柱；6—吊机行走路线

屋架浇筑次序示意见图 2-25。条形构件振捣的振点次序见图 2-25。

2. 现场预制构件的操作要点

(1)地台。

①无设备基础的车间，可先浇筑车间的内地台，利用地面作为预制构件的台面。

②有设备基础的车间，只能按施工平面布置图将原地夯实，

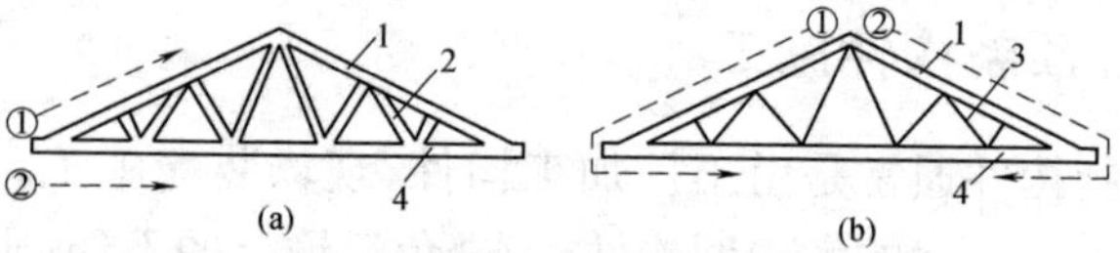

图 2-25　屋架浇筑次序图

(a)全现浇屋架；(b)腹杆件预制、上下弦现浇屋架

1—上弦；2—腹杆；3—预制腹杆件；4—下弦

注：圆圈内数码代表作业小组浇筑路线

分块制作模型底板。

③应设有临时排水沟，预防下雨时原地下沉。

(2)模型。

①模型底板安装必须平整，横梁中距不大于 1m，结合牢固，拼缝紧密，做到不下沉、不漏浆。

②尺寸要准，斜撑、螺栓要牢靠；内壁要平正光滑，木模尽可能刨光。

③胎模角位要顺滑，便于脱模。

④脱模剂要有效，不影响外观。

(3)送浆路线。

①尽量利用吊机在现场吊运浆料，省去运送浆料道路。

②如无吊机利用，可按规定设置单行循环线路。

(4)预应力技术。

①由于场地关系，通常采用后张法施工。

②构件两端应留有抽管位置及操作位置。

(5)施工缝。

预制构件不允许留施工缝。

(6)各种构件特点。

①柱的特点是长度长，中腹薄，牛腿钢筋密，通常是卧放生

产，可两柱叠层生产。

②吊车梁、薄腹梁的特点是梁深，底部钢筋（预应力筋）密，梁底易生蜂窝，如卧放生产则占地多，通常是立放生产。

③屋架（桁架）的特点是杆件多而细，端点、节点钢筋多。通常是卧放生产，可二至三榀叠放生产。

(7)浇筑。

①采用带浆法下料，赶浆法捣固；按规定的分层厚度浇筑。

②柱及梁的浇筑，由一个作业小组操作时，可由任意一端开始（通常是按来料方向，从远端开始），向另一端进行，如由两个作业小组操作，则可由两端开始，向中部汇合。

③柱的牛腿，梁的底部，屋架的节点和端部，应采用小型或剑式插入式振动器振捣，必要时可用人工辅助。

④高度较大的吊车梁、薄腹梁，可采用附着式振动器振捣。

⑤用插入式振动器振捣桩、柱、梁等条形构件时，振点的开始点和终结点不宜靠近两端模板，其振点的次序见图2-26。

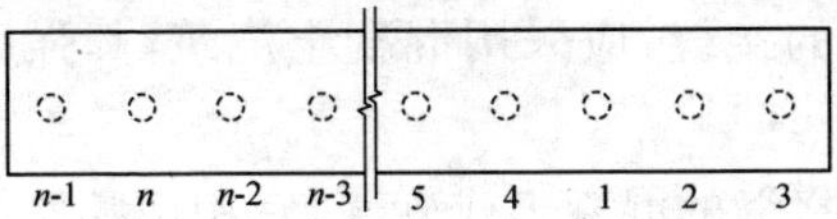

图2-26　条形构件振捣的振点次序图

1、2……—振点次序；n—振点总数

⑥振捣时注意保持预埋件位置的准确，如已位移，及时纠正。

(8)养护。

①宜采取覆盖薄膜保湿养护，但薄膜要覆盖至底板。

②淋水养护时，应有控制（水量少、次数多），避免水量过多、浸软基层，影响底板下沉，导致构件变形。

3. 预制构件装配施工

（1）二次浇筑。

装配式结构中承受内力的接头和接缝，应用混凝土浇筑，其强度等级不应低于构件混凝土的设计强度等级，不承受内力的接缝，应用的混凝土和水泥砂浆的强度等级应大于 C15 或 M15。

（2）接头和拼缝。

①混凝土和砂浆强度等级，必须符合设计要求和施工规范的规定，混凝土强度等级不应低于 $1.15f_{cu,k}$，砂浆的强度等级不小于 $f_{cu,k}$。

灌注接头或接缝的混凝土或砂浆时，混凝土或砂浆的配合比必须计量准确，灌注必须密实，认真养护，确保其强度等级达到设计要求和施工验收规范的规定。

a. 装配式结构中承受内力的接头和接缝，应按设计要求采用混凝土或砂浆浇筑，其强度等级宜比构件强度等级提高一级；对不承受内力的接缝，应采用混凝土浇筑，其强度等级不低于 C15 或 M15。

对接头或接缝的混凝土或砂浆，宜用微膨胀措施和快硬性措施，在灌注过程中必须捣实，并采取必要的养护措施。

b. 承受内力的接头和接缝，当其灌注的混凝土强度未达到设计要求时，不得吊装上层结构构件；设计无具体要求时，应在混凝土强度不小于 $10.0N/mm^2$ 或具有足够支承时，方可吊装上一层的结构构件。

②空心板吊装前，应将板端孔洞堵死。堵孔用的细石混凝土强度等级应不低于板的强度等级，堵孔的混凝土应深入孔的 50～90mm 内。

③预制钢筋混凝土屋面板安装时，必须做好板缝的填嵌和板端的防裂构造，所采用的柔性材料和嵌缝材料应符合设计要求和有关技术标准规定。

九、预应力混凝土施工

1. 先张法预应力混凝土施工

在台座或钢模上先拉预应力筋并用夹具临时固定，再浇筑混凝土，待混凝土达到一定强度后，放张并切断构件外预应力筋，这种方法称之为先张法，通常用于生产预制预应力混凝土构件。

(1)先张法张拉工艺流程。

先张法工艺流程(图 2-27)。

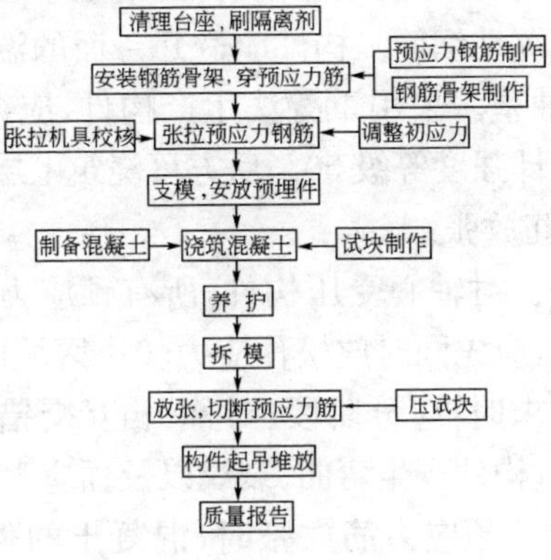

图 2-27　先张法工艺流程

(2)预应力筋的张拉程序。

张拉程序应按设计要求进行，如无设计规定时可按规范执行。为了避免在钢筋张拉过程中产生的预应力损失，一般都用超张拉方法建立张拉程序。

预应力钢丝由于张拉工作量大,宜采用一次张拉程序,即 $0 \longrightarrow 1.03 \sim 1.05\sigma_{con}$ 锚固。

其中 1.03～1.05 是考虑弹簧测力计的误差、温度影响、台座横梁或定位板刚度不足、台座长度不符合设计取值、工人操作影响等。

预应力钢筋的张拉程序可采用 $0 \longrightarrow 1.05\sigma_{con} \xrightarrow{\text{持荷 2min}} \sigma_{con}$ 锚固,主要减少应力松弛损失。同时根据规范规定,预应力筋的张拉控制应力 σ_{con} 不宜超过给定的数据。

(3)混凝土浇筑与养护。

预应力筋在张拉、绑扎和立模工作完成后,应立即浇筑混凝土,每条生产线应一次浇筑完毕。为保证钢筋与混凝土有较好的粘结,浇筑时振动器不能碰撞钢筋,混凝土未达到一定强度前,也不允许碰撞或踩动钢筋。构件应避开台面的温度缝,如不能避开,可在缝上铺油毡。采用重叠法生产构件,应待下层构件的混凝土强度达到设计强度等级 50%后方可浇筑上层混凝土构件。

(4)预应力筋放张。

①放张顺序。对轴心受压构件,所有预应力筋应同时放松。对偏心受压构件,应先同时放松预应力较小区域的预应力筋。如不能满足上述要求时,应分阶段、对称、相互交错进行放松,以防止在放松过程中,构件产生弯曲、裂纹以及预应力筋断裂等现象。

②放张要求。预应力筋放张时,混凝土的强度应符合设计要求;如设计无规定,不应低于强度等级的 75%。

放张前,应拆除侧模,使放张时构件能自由收缩,否则将损坏模板或造成构件开裂。对有横肋的构件(如大型屋面板),其横肋断面应有合适的斜度,或采用活动模板,以免放张钢筋时构件端肋开裂。

③放张方法。配筋不多的中小型钢筋混凝土构件，钢丝可用砂轮锯或切断机切断等方法放张。配筋多的钢筋混凝土构件，钢丝应同时放张。如果逐根放张，最后几根钢丝将由于承受过大的拉力而突然断裂，易使构件端部开裂。放张后预应力筋的切断顺序一般由放张端开始，逐一切向另一端。

对热处理钢筋及冷拉 HRB500 级钢筋，不得用电弧切割，宜用砂轮锯或切断机切断。断量较多时应同时放张，可采用油压千斤顶、砂箱、楔块等装置，见图 2-28。

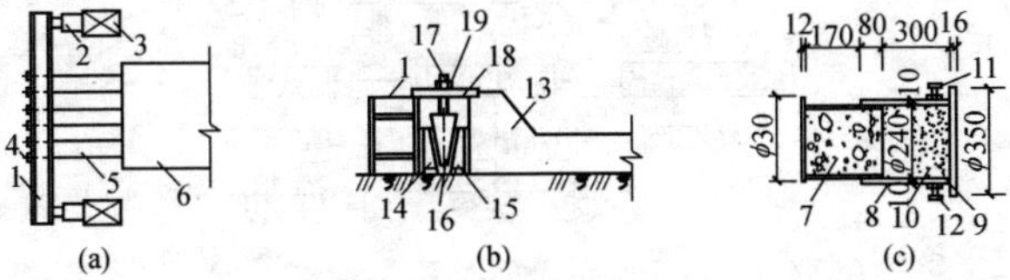

图 2-28　预应力筋放张装置

(a)千斤顶放张装置；(b)砂箱放张装置；(c)楔块放张装置

1—横梁；2—千斤顶；3—承力架；4—夹具；5—钢丝；6—构件；7—活塞；8—套箱；9—套箱底板；10—砂；11—进砂口（ϕ25 螺丝）；12—出砂口（ϕ16 螺丝）；13—台座；14、15—钢固定楔块；16—钢滑动楔块；17—螺杆；18—承力板；19—螺母

2. 后张法预应力混凝土施工

(1)后张法张拉工艺流程。

后张法不需要台座设备，大型构件可分块制作，运到现场拼装，利用预应力筋连成整体。因此，后张法灵活性大，但工序较多，锚具耗钢量较大，其工艺流程（见图 2-29）。

(2)预应力筋的孔道留设。

预应力筋的孔道形状有直线、曲线和折线三种。孔道直径取决于预应力筋和锚具。对于粗钢筋，孔道直径应比预应力筋外径、钢筋对焊接头外径大 10～15mm；对于钢丝或钢绞线，孔

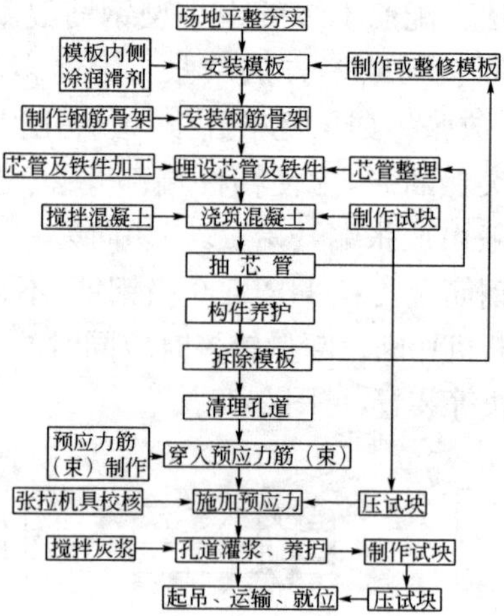

图 2-29　后张法生产工艺流程

道的直径应比预应力束外径或锚具外径大5～10mm，且孔道面积大于预应力筋面积的两倍。凡需要起拱的构件，预留孔道宜随构件同时起拱。

对孔道成形的基本要求是：孔道的尺寸与位置应正确，孔道应平顺，端部预埋件钢板应垂直孔道中心线等。孔道成形的质量，对孔道摩阻损失的影响较大。

(3)后张法预应力筋张拉程序。

后张法张拉预应力钢筋时，结构的混凝土强度应达到设计强度的75%以上或设计要求。

预应力筋的张拉程序主要根据构件类型、张锚体系、松弛损失取值等因素确定，可采用下列程序。

①$0 \longrightarrow 1.05\sigma_{con} \xrightarrow{\text{持荷 2min}} \sigma_{con}$

以上程序可减少预应力筋松弛损失。

②$0 \longrightarrow 1.03\sigma_{con}$

当预应力筋的张拉吨位不大、根数较多，设计中又要求采用超张拉以减少应力松弛损失时采用。

(4)孔道灌浆。

预应力筋张拉后，利用灰浆泵将水泥浆压灌到预应力孔道中去，其作用有二：一是保护预应力筋，以免锈蚀；二是促进预应力筋与构件混凝土的有效的黏结，以控制超载时裂缝的间距与宽度，并减轻两端锚具的负荷状况。因此，对孔道的灌浆质量必须重视。

①预应力筋张拉后，孔道应尽快灌浆。用连接器连接的多跨度连续预应力的孔道灌浆，应张拉完一跨随即灌注一跨，不应在各跨全部张拉完毕后，一次连续灌浆。

②孔道灌浆应采用不低于 P · O 42.5 级水泥浆；对空隙较大的孔道，可采用砂浆灌浆，水泥浆和砂浆强度标准值均不应低于 $20N/mm^2$，水泥浆的水灰比 0.4～0.45，搅拌后 3h 泌水率宜控制在 2%以内，最大不得超过 3%。

③为增加孔道灌浆的密实性，在水泥浆中可掺入对预应力筋无腐蚀作用的外加剂，如掺入占水泥质量 0.25%的木质素磺酸钙，或占水泥质量 0.05%的铝粉等。

④灌浆前，用压力水冲洗和湿润孔道，用电动或手动灰浆泵进行灌浆。

⑤灌浆应缓慢均匀地进行，不得中断，并应排气通顺。

⑥在孔道两端冒出浓浆并封闭排气孔后，宜再继续加压至 0.5～0.6MPa，稍后再封闭灌浆孔。

⑦灌浆顺序应先下后上，以避免上层孔道漏浆而把下层孔道堵塞。

⑧对不掺外加剂的水泥浆，可采用二次灌浆法，以提高孔道灌浆的密实性。

第3部分　混凝土工岗位安全常识

一、混凝土工施工安全基本知识

1. 材料运输安全操作规程

(1)搬运袋装水泥时,必须逐层从上往下阶梯式搬运,严禁从下抽拿。存放水泥时,必须压茬码放,并不得码放过高(一般不超过10袋为宜)。水泥袋码放不得靠近墙壁。

(2)使用手推车运料,向搅拌机料斗内倒砂石时,应设挡掩,不得撒把倒料;运送混凝土时,装运混凝土量应低于车厢5~10cm。不得抢行,空车应让重车,并及时清扫遗洒落地的材料,保持现场环境整洁。

(3)垂直运输使用井架、龙门架、外用电梯运送混凝土时,车把不得超出吊盘(笼)以外,车轮挡掩,稳起稳落;用塔吊运送混凝土时,小车必须焊有牢固吊环,吊点不得少于4个,并保持车身平衡;使用专用吊斗时吊环应牢固可靠,吊索具应符合起重机械安全规程要求。

2. 混凝土浇灌安全操作规程

(1)浇灌混凝土使用的溜槽节间必须连接牢靠,操作部位应设护身栏杆,不得直接站在溜放槽帮上操作。

(2)浇灌高度2m以上的框架梁、柱混凝土应搭设操作平台,不得站在模板或支撑上操作。不得直接在钢筋上踩踏、行走。

(3)浇灌拱形结构,应自两边拱脚对称同时进行;浇灌圈梁、雨篷、阳台应设置安全防护设施。

(4)使用输送泵输送混凝土时,应由2人以上人员牵引布料杆。管道接头、安全阀、管架等必须安装牢固,输送前应试送,检修时必须卸压。

(5)预应力灌浆应严格按照规定压力进行,输浆管道应畅通,阀门接头应严密牢固。

(6)混凝土振捣器必须经电工检验确认合格后方可使用。开关箱内必须装设漏电保护器,插座插头应完好无损,电源线不得破皮漏电;操作者必须穿绝缘鞋(胶鞋),戴绝缘手套。

3.混凝土养护安全操作规程

(1)使用覆盖物养护混凝土时,预留孔洞必须按规定设牢固盖板或围栏,并设安全标志。

(2)使用电热法养护应设警示牌、围栏,无关人员不得进入养护区域。

(3)用软管浇水养护时,应将水管接头连接牢固,移动皮管不得猛拽,不得倒行拉移皮管。

(4)蒸汽养护、操作和冬施测温人员,不得在混凝土养护坑(池)边沿站立和行走。应注意脚下孔洞与磕绊物等。

(5)覆盖物养护材料使用完毕后,必须及时清理并存放到指定地点,码放整齐。

二、现场施工安全操作基本规定

1.杜绝"三违"现象

员工遵章守纪,是实现安全生产的基础。员工在生产过程中，不仅要有熟练的技术，而且必须自觉遵守各项操作规程和劳动纪律，远离“三违”，即违章指挥、违章操作、违反劳动纪律。

(1)违章指挥。企业负责人和有关管理人员法制观念淡薄，缺乏安全知识，思想上存有侥幸心理，对国家、集体的财产和人民群众的生命安全不负责任。明知不符合安全生产有关条件，仍指挥作业人员冒险作业。

(2)违章作业。作业人员没有安全生产常识，不懂安全生产规章制度和操作规程，或者在知道基本安全知识的情况下，在作业过程中，违反安全生产规章制度和操作规程，不顾国家、集体的财产和他人、自己的生命安全，擅自作业，冒险蛮干。

(3)违反劳动纪律。上班时不知道劳动纪律，或者不遵守劳动纪律，违反劳动纪律进行冒险作业，造成不安全因素。

2. 牢记“三宝”和“四口、五临边”

(1)“三宝”指安全帽、安全带、安全网。安全帽、安全带、安全网是工人的三件宝，只有正确佩戴和使用，才可以保证个人安全。

(2)“四口”指楼梯口、电梯井口、预留洞口、通道口。“五临边”是指尚未安装栏杆的阳台周边、无外架防护的层面周边、框架工程楼层周边、上下跑道及斜道的两侧边、卸料平台的侧边。

“四口、五临边”是施工现场最危险和最容易发生事故的地方，因此对施工现场重要危险部位进行正确的防护，可以有效地减少事故发生，为工人作业提供一个安全的环境。

3. 做到“三不伤害”

“三不伤害”是指不伤害自己、不伤害他人、不被他人伤害。

施工现场每一个操作人员和管理人员都要增强自我保护意

识，同时也要对安全生产自觉负起监督的责任，才能达到全员安全的目的。

施工时经常有上下层或者不同工种、不同队伍互相交叉作业的情况，要避免这时候发生危险。相互间协调好，上层作业时，要对作业区域围蔽，有人值守，防止人员进入作业区下方。此外落物伤人，也是工地经常发生的事故之一，进入施工现场，一定要戴好安全帽。作业过程中，观察周围，不伤害他人，也不被他人伤害，这是工地安全的基本原则。自己不违章，只能保证不伤害自己，不伤害别人。要做到不被别人伤害，就要及时制止他人违章。制止他人违章既保护了自己，也保护了他人。

4. 加强“三懂三会”能力

“三懂三会”即懂得本岗位和部门有什么火灾危险性，懂得灭火知识，懂得预防措施；会报火警，会使用灭火器材，会处理初起火灾。

5. 掌握“十项安全技术措施”

(1)按规定使用安全“三宝”。

(2)机械设备防护装置一定要齐全有效。

(3)塔吊等起重设备必须有限位保险装置，不准带病运转，不准超负荷作业，不准在运转中维修保养。

(4)架设电线线路必须符合当地电业局的规定，电气设备必须全部接零接地。

(5)电动机械和手持电动工具要设置漏电保护器。

(6)脚手架材料及脚手架的搭设必须符合规程要求。

(7)各种缆风绳及其设置必须符合规程要求。

(8)在建工程的楼梯口、电梯口、预留洞口、通道口，必须有防护设施。

(9)严禁赤脚或穿高跟鞋、拖鞋进入施工现场，高空作业不准穿硬底和带钉易滑的鞋靴。

(10)施工现场的悬崖、陡坎等危险地区应设警戒标志，夜间要设红灯示警。

6. 施工现场行走或上下的“十不准”

(1)不准从正在起吊、运吊中的物件下通过。

(2)不准从高处往下跳或奔跑作业。

(3)不准在没有防护的外墙和外壁板等建筑物上行走。

(4)不准站在小推车等不稳定的物体上操作。

(5)不得攀登起重臂、绳索、脚手架、井字架、龙门架和随同运料的吊盘及吊装物上下。

(6)不准进入挂有“禁止出入”或设有危险警示标志的区域、场所。

(7)不准在重要的运输通道或上下行走通道上逗留。

(8)未经允许不准私自进入非本单位作业区域或管理区域，尤其是存有易燃、易爆物品的场所。

(9)严禁在无照明设施、无足够采光条件的区域、场所内行走、逗留。

(10)不准无关人员进入施工现场。

7. 做到“十不盲目操作”

做到“十不盲目操作”，是防止违章和事故的基本操作要求。

(1)新工人未经三级安全教育，复工换岗人员未经安全岗位教育，不盲目操作。

(2)特殊工种人员、机械操作工未经专门安全培训，无有效安全上岗操作证，不盲目操作。

(3)施工环境和作业对象情况不清，施工前无安全措施或作业安全交底不清，不盲目操作。

(4)新技术、新工艺、新设备、新材料、新岗位无安全措施，未进行安全培训教育、交底，不盲目操作。

(5)安全帽和作业所必需的个人防护用品不落实，不盲目操作。

(6)脚手、吊篮、塔吊、井字架、龙门架、外用电梯、起重机械、电焊机、钢筋机械、木工平刨、圆盘锯、搅拌机、打桩机等设施设备和现浇混凝土模板支撑、搭设安装后，未经验收合格，不盲目操作。

(7)作业场所安全防护措施不落实，安全隐患不排除，威胁人身和国家财产安全时，不盲目操作。

(8)凡上级或管理干部违章指挥，有冒险作业情况时，不盲目操作。

(9)高处作业、带电作业、禁火区作业、易燃易爆作业、爆破性作业、有中毒或窒息危险的作业和科研实验等其他危险作业的，均应由上级指派，并经安全交底；未经指派批准、未经安全交底和无安全防护措施，不盲目操作。

(10)隐患未排除，有自己伤害自己、自己伤害他人、自己被他人伤害的不安全因素存在时，不盲目操作。

8.“防止坠落和物体打击”的十项安全要求

(1)高处作业人员必须着装整齐，严禁穿硬塑料底等易滑鞋、高跟鞋，工具应随手放入工具袋中。

(2)高处作业人员严禁相互打闹，以免失足发生坠落事故。

(3)在进行攀登作业时，攀登用具结构必须牢固可靠，使用必须正确。

(4)各类手持机具使用前应检查，确保安全牢靠。洞口临边作业应防止物件坠落。

(5)施工人员应从规定的通道上下，不得攀爬脚手架、跨越阳台，不得在非规定通道进行攀登、行走。

(6)进行悬空作业时，应有牢靠的立足点并正确系挂安全带；现场应视具体情况配置防护栏网、栏杆或其他安全设施。

(7)高处作业时，所有物料应该堆放平稳，不可放置在临边或洞口附近，且不可妨碍通行。

(8)高处拆除作业时，对拆卸下的物料、建筑垃圾都要加以清理和及时运走，不得在走道上任意乱置或向下丢弃，保持作业走道畅通。

(9)高处作业时，不准往下或向上乱抛材料和工具等物件。

(10)各施工作业场所内，凡有坠落可能的任何物料，都应先行撤除或加以固定，拆卸作业要在设有禁区、有人监护的条件下进行。

9. 防止机械伤害的“一禁、二必须、三定、四不准”

(1)一禁。不懂电器和机械的人员严禁使用和摆弄机电设备。

(2)二必须。

①机电设备应完好，必须有可靠有效的安全防护装置。

②机电设备停电、停工休息时必须拉闸关机，按要求上锁。

(3)三定。

①机电设备应做到定人操作，定人保养、检查。

②机电设备应做到定机管理、定期保养。

③机电设备应做到定岗位和岗位职责。

(4)四不准。

①机电设备不准带病运转。

②机电设备不准超负荷运转。

③机电设备不准在运转时维修保养。

④机电设备运行时,操作人员不准将头、手、身伸入运转的机械行程范围内。

10."防止车辆伤害"的十项安全要求

(1)未经劳动、公安交通部门培训合格的持证人员,不熟悉车辆性能者不得驾驶车辆。

(2)应坚持做好例保工作,车辆制动器、喇叭、转向系统、灯光等影响安全的部件如作用不良,不准出车。

(3)严禁翻斗车、自卸车的车厢乘人,严禁人货混装,车辆载货应不超载、超高、超宽,捆扎应牢固可靠,应防止车内物体失稳跌落伤人。

(4)乘坐车辆应坐在安全处,头、手、身不得露出车厢外,要避免车辆启动制动时跌倒。

(5)车辆进出施工现场,在场内掉头、倒车,在狭窄场地行驶时应有专人指挥。

(6)现场行车进场要减速,并做到"四慢",即道路情况不明要慢,线路不良要慢,起步、会车、停车要慢,在狭路、桥梁弯路、坡路、叉道、行人拥挤地点及出入大门时要慢。

(7)临近机动车道的作业区和脚手架等设施以及道路中的路障,应加设安全色标、安全标志和防护措施,并要确保夜间有充足的照明。

(8)装卸车作业时,若车辆停在坡道上,应在车轮两侧用楔形木块加以固定。

(9)人员在场内机动车道应避免右侧行走，并做到不平排结队有碍交通；避让车辆时，应不避让于两车交会之中，不站于旁有堆物无法退让的死角。

(10)机动车辆不得牵引无制动装置的车辆，牵引物体时物体上不得有人，人不得进入正在牵引的物与车之间，坡道上牵引时，车和被牵引物下方不得有人作业和停留。

11."防止触电伤害"的十项安全操作要求

根据安全用电"装得安全、拆得彻底、用得正确、修得及时"的基本要求，为防止触电伤害的操作要求有：

(1)非电工严禁拆接电气线路、插头、插座、电气设备、电灯等。

(2)使用电气设备前必须检查线路、插头、插座、漏电保护装置是否完好。

(3)电气线路或机具发生故障时，应找电工处理，非电工不得自行修理或排除故障。

(4)使用振捣器等手持电动机械和其他电动机械从事湿作业时，要由电工接好电源，安装上漏电保护器，操作者必须穿戴好绝缘鞋、绝缘手套后再进行作业。

(5)搬迁或移动电气设备必须先切断电源。

(6)搬运钢筋、钢管及其他金属物时，严禁触碰到电线。

(7)禁止在电线上挂晒物料。

(8)禁止使用照明器烘烤、取暖，禁止擅自使用电炉和其他电加热器。

(9)在架空输电线路附近工作时，应停止输电，不能停电时，应有隔离措施，要保持安全距离，防止触碰。

(10)电线必须架空，不得在地面、施工楼面随意乱拖，若必须通过地面、楼面时，应有过路保护，物料、车、人不准压踏碾磨电线。

12. 施工现场防火安全规定

(1)施工现场要有明显的防火宣传标志。

(2)施工现场必须设置临时消防车道。其宽度不得小于3.5m，并保证临时消防车道的畅通，禁止在临时消防车道上堆物、堆料或挤占临时消防车道。

(3)施工现场必须配备消防器材，做到布局合理。要害部位应配备不少于 4 具的灭火器，要有明显的防火标志，并经常检查、维护、保养，保证灭火器材灵敏有效。

(4)施工现场消火栓应布局合理，消防干管直径不小于100mm，消火栓处昼夜要设有明显标志，配备足够的水龙带，周围 3m 内不准存放物品。地下消火栓必须符合防火规范。

(5)高度超过 24m 的建筑工程，应安装临时消防竖管。管径不得小于 75mm，每层设消火栓口，配备足够的水龙带。消防水要保证足够的水源和水压，严禁消防竖管作为施工用水管线。消防泵房应使用非燃材料建造，位置设置合理，便于操作，并设专人管理，保证消防供水。消防泵的专用配电线路应引自施工现场总断路器的上端，要保证连续不间断供电。

(6)电焊工、气焊工从事电气设备安装的电焊、气焊切割作业，要有操作证和用火证。用火前，要对易燃、可燃物采取清除、隔离等措施，配备看火人员和灭火器具，作业后必须确认无火源隐患后方可离去。用火证当日有效。用火地点变换，要重新办理用火证手续。

(7)氧气瓶、乙炔瓶工作间距不小于 5m，两瓶与明火作业距离不小于 10m。建筑工程内禁止氧气瓶、乙炔瓶存放,禁止使用液化石油气“钢瓶”。

(8)施工现场使用的电气设备必须符合防火要求。临时用电必须安装过载保护装置,电闸箱内不准使用易燃、可燃材料。严禁超负荷使用电气设备。

(9)施工材料的存放、使用应符合防火要求。库房应采用非燃材料支搭,易燃易爆物品应专库储存,分类单独存放,保持通风,用电符合防火规定。不准在工程内、库房内调配油漆、烯料。

(10)工程内部不准作为仓库使用,不准存放易燃、可燃材料,因施工需要进入工程内部的可燃材料,要根据工程计划限量进入并采取可靠的防火措施。废弃材料应及时消除。

(11)施工现场使用的安全网、密目式安全网、密目式防尘网、保温材料,必须符合消防安全规定,不得使用易燃、可燃材料。

(12)施工现场严禁吸烟,不得在建筑工程内部设置宿舍。

(13)施工现场和生活区,未经有关部门批准不得使用电热器具。严禁工程中明火保温施工及宿舍内明火取暖。

(14)从事油漆粉刷或防水等有毒及易燃危险作业时,要有具体的防火要求,必要时派专人看护。

(15)生活区的设置必须符合消防管理规定。严禁使用可燃材料搭设,宿舍内不得卧床吸烟,房间内住 20 人以上必须设置不少于 2 处的安全门,居住 100 人以上,要有消防安全通道及人员疏散预案。

(16)生活区的用电要符合防火规定。食堂使用的燃料必须符合使用规定,用火点和燃料不能在同一房间内,使用时要有专人管理,停火时将总开关关闭,经常检查有无泄漏。

三、高处作业安全知识

1. 高处作业的一般施工安全规定和技术措施

按照《高处作业分级》(GB/T 3608—2008)规定：凡在坠落高度基准面2m以上(含2m)的可能坠落的高处所进行的作业，都称为高处作业。

在施工现场高处作业中，如果未防护、防护不好或作业不当都可能发生人或物的坠落。人从高处坠落的事故，称为高处坠落事故。物体从高处坠落砸着下面人的事故，称为物体打击事故。建筑施工中的高处作业主要包括临边、洞口、攀登、悬空、交叉作业等类型，这些是高处作业伤亡事故可能发生的主要地点。

高处作业时的安全措施有设置防护栏杆，孔洞加盖，安装安全防护门，满挂安全平立网，必要时设置安全防护棚等。

(1)施工前，应逐级进行安全技术教育及交底，落实所有安全技术措施和个人防护用品，未经落实时不得进行施工。

(2)高处作业中的安全标志、工具、仪表、电气设施和各种设备，必须在施工前加以检查，确认其完好，方能投入使用。

(3)悬空、攀登高处作业以及搭设高处安全设施的人员必须按照国家有关规定，经过专门的安全作业培训，并取得特种作业操作资格证书后，方可上岗作业。

(4)从事高处作业的人员必须定期进行身体检查，诊断患有心脏病、贫血、高血压、癫痫病、恐高症及其他不适宜高处作业的疾病时，不得从事高处作业。

(5)高处作业人员应头戴安全帽，身穿紧口工作服，脚穿防滑鞋，腰系安全带。

(6)高处作业场所有坠落可能的物体，应一律先行撤除或予以固定。所用物件均应堆放平稳，不妨碍通行和装卸。工具应随手放入工具袋，拆卸下的物件及余料和废料均应及时清理运走，清理时应采用传递或系绳提溜方式，禁止抛掷。

(7)遇有六级以上强风、浓雾和大雨等恶劣天气，不得进行露天悬空与攀登高处作业。台风暴雨后，应对高处作业安全设施逐一检查，发现有松动、变形、损坏或脱落、漏雨、漏电等现象，应立即修理完善或重新设置。

(8)所有安全防护设施和安全标志等，任何人都不得损坏或擅自移动和拆除。因作业必须临时拆除或变动安全防护设施、安全标志时，必须经有关施工负责人同意，并采取相应的可靠措施，作业完毕后立即恢复。

(9)施工中对高处作业的安全技术设施发现有缺陷和隐患时，必须立即报告，及时解决。危及人身安全时，必须立即停止作业。

2. 高处作业的基本安全技术措施

(1)凡是临边作业，都要在临边处设置防护栏杆，一般上杆离地面高度为 1.0～1.2m，下杆离地面高度为 0.5～0.6m；防护栏杆必须自上而下用安全网封闭，或在栏杆下边设置严密固定的高度不低于 18cm 的挡脚板或 40cm 的挡脚竹笆。

(2)对于洞口作业，可根据具体情况采取设防护栏杆、加盖板、张挂安全网与装栅门等措施。

(3)进行攀登作业时，作业人员要从规定的通道上下，不能在阳台之间等非规定通道进行攀登，也不得任意利用吊车车臂架等施工设备进行攀登。

(4)进行悬空作业时，要设有牢靠的作业立足处，并视具体情况设防护栏杆，搭设架手架、操作平台，使用马凳，张挂安全网或其他安全措施；作业所用索具、脚手板、吊篮、吊笼、平台等设备，均需经技术鉴定方能使用。

(5)进行交叉作业时，注意不得在上下同一垂直方向上操作，下层作业的位置必须处于依上层高度确定的可能坠落范围之外。不符合以上条件时，必须设置安全防护层。

(6)结构施工自二层起，凡人员进出的通道口(包括井架、施工电梯的进出口)，均应搭设安全防护棚。高度超过 24m 时，防护棚应设双层。

(7)建筑施工进行高处作业之前，应进行安全防护设施的检查和验收。验收合格后，方可进行高处作业。

3. 高处作业安全防护用品使用常识

由于建筑行业的特殊性，高处作业中发生高处坠落、物体打击事故的比例最大。要避免伤亡事故，作业人员必须正确佩戴安全帽，调好帽箍，系好帽带；正确使用安全带，高挂低用；按规定架设安全网。

(1)安全帽。对人体头部受外力伤害(如物体打击)起防护作用的帽子。使用时要注意：

①选用经有关部门检验合格，其上有“安鉴”标志的安全帽。

②使用安全帽前先检查外壳是否破损，有无合格帽衬，帽带是否齐全，如果不符合要求则立即更换。

③调整好帽箍、帽衬(4～5cm)，系好帽带。

(2)安全带。高处作业人员预防坠落伤亡的防护用品。使用时要注意：

①选用经有关部门检验合格的安全带，并保证在使用有效期内。

②安全带严禁打结、续接。

③使用中,要可靠地挂在牢固的地方,高挂低用,且要防止摆动,避免明火和刺割。

④2m以上的悬空作业,必须使用安全带。

⑤在无法直接挂设安全带的地方,应设置挂安全带的安全拉绳、安全栏杆等。

(3)安全网。用来防止人、物坠落或用来避免、减轻坠落及物体打击伤害的网具。使用时要注意:

①要选用有合格证的安全网;在使用时,必须按规定到有关部门检测、检验合格,方可使用。

②安全网若有破损、老化,应及时更换。

③安全网与架体连接不宜绷得太紧,系结点要沿边分布均匀、绑牢。

④立网不得作为平网使用。

⑤立网必须选用密目式安全网。

四、脚手架作业安全技术常识

1.脚手架的作用及常用架型

脚手架的搭设、拆除作业属悬空、攀登高处作业,其作业人员必须按照国家有关规定经过专门的安全作业培训,并取得特种作业操作资格证书后,方可上岗作业。其他无资格证书的作业人员只能做一些辅助工作,严禁悬空、登高作业。

脚手架的主要作用是在高处作业时供堆料、短距离水平运输及作业人员在上面进行施工作业。高处作业的五种基本类型的安全隐患在脚手架上作业中都会发生。

脚手架应满足以下基本要求:

(1)要有足够的牢固性和稳定性,保证施工期间在所规定的荷载和气候条件下,不产生变形、倾斜和摇晃。

(2)要有足够的使用面积,满足堆料、运输、操作和行走的要求。

(3)构造要简单,搭设、拆除和搬运要方便。

常用脚手架有扣件式钢管脚手架、门型钢管脚手架、碗扣式钢管架等。此外还有附着升降脚手架、吊篮式脚手架、挂式脚手架等。

2. 脚手架作业一般安全技术常识

(1)每项脚手架工程都要有经批准的施工方案并严格按照此方案搭设和拆除,作业前必须组织全体作业人员熟悉施工和作业要求,进行安全技术交底。班组长要带领作业人员对施工作业环境及所需工具、安全防护设施等进行检查,消除隐患后方可作业。

(2)脚手架要结合工程进度搭设,结构施工时脚手架要始终高出作业面一步架,但不宜一次搭得过高。未完成的脚手架,作业人员离开作业岗位(休息或下班)时,不得留有未固定的构件,并应保证架子稳定。

脚手架要经验收签字后方可使用。分段搭设时应分段验收。在使用过程中要定期检查,较长时间停用、台风或暴雨过后使用前要进行检查加固。

(3)落地式脚手架基础必须坚实,若是回填土,必须平整夯实,并做好排水措施,以防止地基沉陷引起架子沉降、变形、倒塌。当基础不能满足要求时,可采取挑、吊、撑等技术措施,将荷载分段卸到建筑物上。

(4)设计搭设高度较小(15m 以下)时,可采用抛撑;当设计高度较大时，采用既抗拉又抗压的连墙点（根据规范用柔性或刚性连墙点）。

(5)施工作业层的脚手板要满铺、牢固，离墙间隙不大于15cm，并不得出现探头板；在架子外侧四周设1.2m高的防护栏杆及18cm的挡脚板，且在作业层下装设安全平网；架体外排立杆内侧挂设密目式安全立网。

(6)脚手架出入口须设置规范的通道口防护棚；外侧临街或高层建筑脚手架，其外侧应设置双层安全防护棚。

(7)架子使用中，通常架上的均布荷载，不应超过规范规定。人员、材料不要太集中。

(8)在防雷保护范围之外，应按规定安装防雷保护装置。

(9)脚手架拆除时，应设警戒区和醒目标志，有专人负责警戒；架体上的材料、杂物等应消除干净；架体若有松动或危险的部位，应予以先行加固，再进行拆除。

(10)拆除顺序应遵循"自上而下，后装的构件先拆，先装的后拆，一步一清"的原则，依次进行。不得上下同时拆除作业，严禁用踏步式、分段、分立面拆除法。

(11)拆下来的杆件、脚手板、安全网等应用运输设备运至地面，严禁从高处向下抛掷。

五、施工现场临时用电安全知识

1. 现场临时用电安全基本原则

(1)建筑施工现场的电工、电焊工属于特种作业工种，必须按国家有关规定经专门安全作业培训，取得特种作业操作资格证书，方可上岗作业。其他人员不得从事电气设备及电气线路的安装、维修和拆除。

(2)建筑施工现场必须采用 TN-S 接零保护系统,即具有专用保护零线(PE 线)、电源中性点直接接地的 220/380V 三相五线制系统。

(3)建筑施工现场必须按“三级配电二级保护”设置。

(4)施工现场的用电设备必须实行“一机、一闸、一漏、一箱”制,即每台用电设备必须有自己专用的开关箱,专用开关箱内必须设置独立的隔离开关和漏电保护器。

(5)严禁在高压线下方搭设临建、堆放材料和进行施工作业;在高压线一侧作业时,必须保持至少 6m 的水平距离,达不到上述距离时,必须采取隔离防护措施。

(6)在宿舍工棚、仓库、办公室内,严禁使用电饭煲、电水壶、电炉、电热杯等较大功率电器。如需使用,应由项目部安排专业电工在指定地点安装,可使用较高功率电器的电气线路和控制器。严禁使用不符合安全要求的电炉、电热棒等。

(7)严禁在宿舍内乱拉、乱接电源,非专职电工不准乱接或更换熔丝,不准以其他金属丝代替熔丝(保险丝)。

(8)严禁在电线上晾衣服和挂其他东西等。

(9)搬运较长的金属物体,如钢筋、钢管等材料时,应注意不要碰触到电线。

(10)在临近输电线路的建筑物上作业时,不能随便往下扔金属类杂物;更不能触摸、拉动电线或与电线接触的钢丝和电杆的拉线。

(11)移动金属梯子和操作平台时,要观察高处输电线路与移动物体的距离,确认有足够的安全距离,再进行作业。

(12)在地面或楼面上运送材料时,不要踏在电线上;停放手推车,堆放钢模板、跳板、钢筋时,不要压在电线上。

(13)移动有电源线的机械设备,如电焊机、水泵、小型木工机械等,必须先切断电源,不能带电搬动。

(14)当发现电线坠地或设备漏电时,切不可随意跑动和触摸金属物体,并应保持10m以上距离。

2. 安全电压

安全电压是为防止触电事故而采用的50V以下特定电源供电的电压系列,分为42V、36V、24V、12V和6V五个等级,根据不同的作业条件,选用不同的安全电压等级。建筑施工现场常用的安全电压有12V、24V、36V。

以下特殊场所必须采用安全电压照明供电:

(1)室内灯具离地面低于2.4m、手持照明灯具、一般潮湿作业场所(地下室、潮湿室内、潮湿楼梯、隧道、人防工程以及有高温、导电灰尘等)的照明,电源电压应不大于36V。

(2)潮湿和易触及带电体场所的照明电源电压,应不大于24V。

(3)在特别潮湿的场所、锅炉或金属容器内、导电良好的地面使用手持照明灯具等,照明电源电压不得大于12V。

3. 电线的相色

(1)正确识别电线的相色。

电源线路可分为工作相线(火线)、专用工作零线和专用保护零线。一般情况下,工作相线(火线)带电危险,专用工作零线和专用保护零线不带电(但在不正常情况下,工作零线也可以带电)。

(2)相色规定。

一般相线(火线)分为A、B、C三相,分别为黄色、绿色、红色;工作零线为黑色;专用保护零线为黄绿双色线。

严禁用黄绿双色、黑色、蓝色线充当相线，也严禁用黄色、绿色、红色线作为工作零线和保护零线。

4. 插座的使用

要正确使用与安装插座。

(1)插座分类。

常用的插座分为单相双孔、单相三孔和三相三孔、三相四孔等。

(2)选用与安装接线。

①三孔插座应选用“品字形”结构，不应选用等边三角形排列的结构，因为后者容易发生三孔互换，造成触电事故。

②插座在电箱中安装时，必须首先固定安装在安装板上，接地极与箱体一起作可靠的PE保护。

③三孔或四孔插座的接地孔(较粗的一个孔)，必须置于顶部位置，不可倒置，两孔插座应水平并列安装，不准垂直并列安装。

④插座接线要求：对于两孔插座，左孔接零线，右孔接相线；对于三孔插座，左孔接零线，右孔接相线，上孔接保护零线；对于四孔插座，上孔接保护零线，其他三孔分别接A、B、C三根相线。

5. “用电示警”标志

正确识别“用电示警”标志或标牌，不得随意靠近、随意损坏和挪动标牌(表3-1)。进入施工现场的每个人都必须认真遵守用电管理规定，见到用电示警标志或标牌时，不得随意靠近，更不准随意损坏、挪动标牌。

表 3-1　　用电示警标志分类和使用

分类＼使用	颜色	使用场所
常用电力标志	红色	配电房、发电机房、变压器等重要场所
高压示警标志	字体为黑色,箭头和边框为红色	需高压示警场所
配电房示警标志	字体为红色,边框为黑色(或字与边框交换颜色)	配电房或发电机房
维护检修示警标志	底为红色,字为白色(或字为红色,底为白色,边框为黑色)	维护检修时相关场所
其他用电示警标志	箭头为红色,边框为黑色,字为红色或黑色	其他一般用电场所

6. 电气线路的安全技术措施

(1)施工现场电气线路全部采用“三相五线制”(TN-S 系统)专用保护接零(PE 线)系统供电。

(2)施工现场架空线采用绝缘铜线。

(3)架空线设在专用电杆上,严禁架设在树木、脚手架上。

(4)导线与地面保持足够的安全距离。

导线与地面最小垂直距离:施工现场应不小于 4m;机动车道应不小于 6m;铁路轨道应不小于 7.5m。

(5)无法保证规定的电气安全距离时,必须采取防护措施。

如果由于在建工程位置限制而无法保证规定的电气安全距离,必须采取设置防护性遮拦、栅栏,悬挂警告标志牌等防护措施,发生高压线断线落地时,非检修人员要远离落地处 10m 以外,以防跨步电压危害。

(6)为了防止设备外壳带电发生触电事故,设备应采用保护接零,并安装漏电保护器等措施。作业人员要经常检查保护零线连接是否牢固可靠,漏电保护器是否有效。

(7)在电箱等用电危险地方,挂设安全警示牌。如"有电危险""禁止合闸,有人工作"等。

7. 照明用电的安全技术措施

施工现场临时照明用电的安全要求如下:

(1)临时照明线路必须使用绝缘导线。户内(工棚)临时线路的导线必须安装在离地 2m 以上的支架上;户外临时线路必须安装在离地 2.5m 以上的支架上,零星照明线不允许使用花线,一般应使用软电缆线。

(2)建设工程的照明灯具宜采用拉线开关。拉线开关距地面高度为 2~3m,与出口、入口的水平距离为 0.15~0.2m。

(3)严禁在床头设立开关和插座。

(4)电器、灯具的相线必须经过开关控制。

不得将相线直接引入灯具,也不允许以电气插头代替开关来分合电路,室外灯具距地面不得低于 3m;室内灯具不得低于 2.4m。

(5)使用手持照明灯具(行灯)应符合一定的要求:

①电源电压不超过 36V。

②灯体与手柄应坚固,绝缘良好,并耐热防潮湿。

③灯头与灯体结合牢固。

④灯泡外部要有金属保护网。

⑤金属网、反光罩、悬吊挂钩应固定在灯具的绝缘部位上。

(6)照明系统中每一单相回路上,灯具和插座数量不宜超过

25 个,并应装设熔断电流为 15A 以下的熔断保护器。

8. 配电箱与开关箱的安全技术措施

施工现场临时用电一般采用三级配电方式,即总配电箱(或配电室),下设分配电箱,再以下设开关箱,开关箱以下就是用电设备。

配电箱和开关箱的使用安全要求如下:

(1)配电箱、开关箱的箱体材料,一般应选用钢板,亦可选用绝缘板,但不宜选用木质材料。

(2)配电箱、开关箱应安装端正、牢固,不得倒置、歪斜。

固定式配电箱、开关箱的下底与地面垂直距离应大于或等于 1.3m 且小于或等于 1.5m;移动式配电箱、开关箱的下底与地面的垂直距离应大于或等于 0.6m 且小于或等于 1.5m。

(3)进入开关箱的电源线,严禁用插销连接。

(4)电箱之间的距离不宜太远。

配电箱与开关箱的距离不得超过 30m。开关箱与固定式用电设备的水平距离不宜超过 3m。

(5)每台用电设备应有各自专用的开关箱,且必须满足“一机、一闸、一漏、一箱”的要求,严禁用同一个开关电器直接控制两台及两台以上用电设备(含插座)。

开关箱中必须设漏电保护器,其额定漏电动作电流应不大于 30mA,漏电动作时间应不大于 0.1s。

(6)所有配电箱门应配锁,不得在配电箱和开关箱内挂接或插接其他临时用电设备,开关箱内严禁放置杂物。

(7)配电箱、开关箱的接线应由电工操作,非电工人员不得乱接。

9. 配电箱和开关箱的使用要求

(1)在停电、送电时,配电箱、开关箱之间应遵守合理的操作顺序。

送电操作顺序:总配电箱→分配电箱→开关箱。

断电操作顺序:开关箱→分配电箱→总配电箱。

正常情况下,停电时首先分断自动开关,然后分断隔离开关;送电时先合隔离开关,后合自动开关。

(2)使用配电箱、开关箱时,操作者应接受岗前培训,熟悉所使用设备的电气性能和掌握有关开关的正确操作方法。

(3)及时检查、维修,更换熔断器的熔丝必须用原规格的熔丝,严禁用铜线、铁线代替。

(4)配电箱的工作环境应经常保持设置时的要求,不得在其周围堆放任何杂物,保持必要的操作空间和通道。

(5)维修机器停电作业时,要与电源负责人联系停电,要悬挂警示标志,卸下保险丝,锁上开关箱。

10. 手持电动机具的安全使用要求

(1)一般场所应选用Ⅰ类手持式电动工具,并应装设额定漏电动作电流不大于15mA、额定漏电动作时间小于0.1s的漏电保护器。

(2)在露天、潮湿场所或金属构架上操作时,必须选用Ⅱ类手持式电动工具,并装设漏电保护器,严禁使用Ⅰ类手持式电动工具。

(3)负荷线必须采用耐用的橡皮护套铜芯软电缆。

单相用三芯(其中一芯为保护零线)电缆;三相用四芯(其中一芯为保护零线)电缆;电缆不得有破损或老化现象,中间不得有接头。

(4)手持电动工具应配备装有专用的电源开关和漏电保护器的开关箱,严禁一台开关接两台以上设备,其电源开关应采用双刀控制。

(5)手持电动工具开关箱内应采用插座连接,其插头、插座应无损坏、无裂纹,且绝缘良好。

(6)使用手持电动工具前,必须检查外壳、手柄、负荷线、插头等是否完好无损,接线是否正确(防止相线与零线错接);发现工具外壳、手柄破裂,应立即停止使用并进行更换。

(7)非专职人员不得擅自拆卸和修理工具。

(8)作业人员使用手持电动工具时,应穿绝缘鞋,戴绝缘手套,操作时握其手柄,不得利用电缆提拉。

(9)长期搁置不用或受潮的工具在使用前应由电工测量绝缘阻值是否符合要求。

11. 触电事故及原因分析

(1)缺乏电气安全知识,自我保护意识淡薄。

电气设施安装或接线不是由专业电工操作,而是由非专业人员安装。安装人又无基本的电气安全知识,装设不符合电气基本要求,造成意外的触电事故。发生这种触电事故的原因都是缺乏电气安全知识,无自我保护意识。

(2)违反安全操作规程。

施工现场中,有人图方便,不用插头,在电箱乱拉乱接电线。还有人在宿舍私自拉接电线照明,在床上接音响设备、电风扇,有的甚至烧水、做饭等,极易造成触电事故。也有人凭经验用手去试探电器是否带电或不采取安全措施带电作业,或带着侥幸心理,在带电体(如高压线)周围,不采取任何安全措施,违章作业，造成触电事故等。

(3)不使用“TN-S”接零保护系统。

有的工地未使用“TN-S”接零保护系统，或者未按要求连接专用保护接零线，无有效地安全保护系统。不按“三级配电二级保护”“一机、一闸、一漏、一箱”设置，造成工地用电使用混乱，易造成误操作，并且在触电时，使得安全保护系统未起可靠的安全保护效果。

(4)电气设备安装不合格。

电气设备安装必须遵守安全技术规定，否则由于安装错误，当人身接触带电部分时，就会造成触电事故。如电线高度不符合安全要求，太低，架空线乱拉、乱扯，有的还将电线拴在脚手架上，导线的接头只用老化的绝缘布包上，以及电气设备没有做保护接地、保护接零等，一旦漏电就会发生严重触电事故。

(5)电气设备缺乏正常检修和维护。

由于电气设备长期使用，易出现电气绝缘老化、导线裸露、胶盖刀闸胶木破损、插座盖子损坏等。如不及时检修，一旦漏电，将造成严重后果。

(6)偶然因素。

电力线被风刮断，导线接触地面引起跨步电压，当人走近该地区时就会发生触电事故。

六、起重吊装机械安全操作常识

1. 基本要求

塔式起重机、施工电梯、物料提升机等施工起重机械的操作(也称为司机)、指挥、司索等作业人员属特种作业，必须按国家有关规定经专门安全作业培训，取得特种作业操作资格证书，方可上岗作业。

施工起重机械（也称垂直运输设备）必须由有相应的制造（生产）许可证的企业生产，并有出厂合格证。其安装、拆除、加高及附墙施工作业，必须由有相应作业资格的队伍作业，作业人员必须按国家有关规定经专门安全作业培训，取得特种作业操作资格证书，方可上岗作业。其他非专业人员不得上岗作业。安装、拆卸、加高及附墙施工作业前，必须有经审批、审查的施工方案，并进行方案及安全技术交底。

2. 塔式起重机使用安全常识

（1）起重机“十不吊”。

①起重臂和吊起的重物下面有人停留或行走不准吊。

②起重指挥应由技术培训合格的专职人员担任，无指挥或信号不清不准吊。

③钢筋、型钢、管材等细长和多根物件必须捆扎牢靠，多点起吊。单头“千斤”或捆扎不牢靠不准吊。

④多孔板、积灰斗、手推翻斗车不用四点吊或大模板外挂板不用卸甲不准吊。预制钢筋混凝土楼板不准双拼吊。

⑤吊砌块必须使用安全可靠的砌块夹具，吊砖必须使用砖笼，并堆放整齐。木砖、预埋件等零星物件要用盛器堆放稳妥，叠放不齐不准吊。

⑥楼板、大梁等吊物上站人不准吊。

⑦埋入地下的板桩、井点管等以及粘连、附着的物件不准吊。

⑧多机作业，应保证所吊重物距离不小于 3m，在同一轨道上多机作业，无安全措施不准吊。

⑨六级以上强风不准吊。

⑩斜拉重物或超过机械允许荷载不准吊。

(2)塔式起重机吊运作业区域内严禁无关人员入内,起吊物下方不准站人。

(3)司机(操作)、指挥、司索等工种应按有关要求配备,其他人员不得作业。

(4)六级以上强风不准吊运物件。

(5)作业人员必须听从指挥人员的指挥,吊物起吊前作业人员应撤离。

(6)吊物的捆绑要求。

①吊运物件时,应清楚重量,吊运点及绑扎应牢固可靠。

②吊运散件物时,应用铁制合格料斗,料斗上应设有专用的牢固的吊装点;料斗内装物高度不得超过料斗上口边,散粒状的轻浮易撒物盛装高度应低于上口边线 10cm。

③吊运长条状物品(如钢筋、长条状木方等),所吊物件应在物品上选择两个均匀、平衡的吊点,绑扎牢固。

④吊运有棱角、锐边的物品时,钢丝绳绑扎处应做好防护措施。

3. 施工电梯使用安全常识

施工电梯也称外用电梯,也有称为(人、货两用)施工升降机,是施工现场垂直运输人员和材料的主要机械设备。

(1)施工电梯投入使用前,应在首层搭设出入口防护棚,防护棚应符合有关高处作业规范。

(2)电梯在大雨、大雾、六级以上大风以及导轨架、电缆等结冰时,必须停止使用,并将梯笼降到底层,切断电源。暴风雨后,应对电梯各安全装置进行一次检查,确认正常,方可使用。

(3)电梯底笼周围 2.5m 范围,应设置防护栏杆。

(4)电梯各出料口运输平台应平整牢固,还应安装牢固可靠的栏杆和安全门,使用时安全门应保持关闭。

(5)电梯使用应有明确的联络信号,禁止用敲打、呼叫等方式联络。

(6)乘坐电梯时,应先关好安全门,再关好梯笼门,方可启动电梯。

(7)梯笼内乘人或载物时,应使载荷均匀分布,不得偏重;严禁超载运行。

(8)等候电梯时,应站在建筑物内,不得聚集在通道平台上,也不得将头手伸出栏杆和安全门外。

(9)电梯每班首次载重运行时,当梯笼升离地面 1～2m 时,应停机试验制动器的可靠性;当发现制动效果不良时,应调整或修复后方可投入使用。

(10)操作人员应根据指挥信号操作。作业前应鸣声示意。在电梯未切断总电源开关前,操作人员不得离开操作岗位。

(11)施工电梯发生故障的处理。

①当运行中发现异常情况时,应立即停机并采取有效措施,将梯笼降到底层,排除故障后方可继续运行。

②在运行中发现电梯失控时,应立即按下急停按钮;在未排除故障前,不得打开急停按钮。

③在运行中发现制动器失灵时,可将梯笼开至底层维修;或者让其下滑防坠安全器制动。

④在运行中发现故障时,不要惊慌,电梯的安全装置将提供可靠的保护;应听从专业人员的安排,或等待修复,或听从专业人员的指挥撤离。

(12)作业后,应将梯笼降到底层,各控制开关拨到零位,切断电源,锁好开关箱,闭锁梯笼门和围护门。

4. 物料提升机使用安全常识

物料提升机有龙门架、井字架式的，也有的称为(货用)施工升降机，是施工现场物料垂直运输的主要机械设备。

(1)物料提升机用于运载物料，严禁载人上下；装卸料人员、维修人员必须在安全装置可靠或采取了可靠的措施后，方可进入吊笼内作业。

(2)物料提升机进料口必须加装安全防护门，并按高处作业规范搭设防护棚，并设安全通道，防止从棚外进入架体中。

(3)物料提升机在运行时，严禁对设备进行保养、维修，任何人不得攀登架体或从架体内穿过。

(4)运载物料的要求。

①运送散料时，应使用料斗装载，并放置平稳；使用手推斗车装置于吊笼时，必须将手推斗车平稳并制动放置，注意车把手及车不能伸出吊笼。

②运送长料时，物料不得超出吊笼；物料立放时，应捆绑牢固。

③物料装载时，应均匀分布，不得偏重，严禁超载运行。

(5)物料提升机的架体应有附墙或缆风绳，并应牢固可靠，符合说明书和规范的要求。

(6)物料提升机的架体外侧应用小网眼安全网封闭，防止物料在运行时坠落。

(7)禁止在物料提升机架体上进行焊接、切割或者钻孔等作业，防止损伤架体的任何构件。

(8)出料口平台应牢固可靠，并应安装防护栏杆和安全门。运行时安全门应保持关闭。

(9)吊笼上应有安全门，防止物料坠落；并且安全门应与安全停靠装置联锁。安全停靠装置应灵敏可靠。

(10)楼层安全防护门应有电气或机械锁装置,在安全门未可靠关闭时,禁止吊笼运行。

(11)作业人员等待吊笼时,应在建筑物内或者平台内距安全门1m以外处等待。严禁将头、手伸出栏杆或安全门。

(12)进出料口应安装明确的联络信号,高架提升机还应有可视系统。

5. 起重吊装作业安全常识

起重吊装是指建筑工程中,采用相应的机械设备和设施来完成结构吊装和设施安装,属于危险作业,作业环境复杂,技术难度大。

(1)作业前应根据作业特点编制专项施工方案,并对参加作业人员进行方案和安全技术交底。

(2)作业时周边应设置警戒区域,设置醒目的警示标志,防止无关人员进入;特别危险处应设监护人员。

(3)起重吊装作业大多数作业点都必须由专业技术人员作业;属于特种作业的人员必须按国家有关规定经专门安全作业培训,取得特种作业操作资格证书,方可上岗作业。

(4)作业人员应根据现场作业条件选择安全的位置作业。在卷扬机与地滑轮穿越钢丝绳的区域,禁止人员站立和通行。

(5)吊装过程必须设有专人指挥,其他人员必须服从指挥。起重指挥不能兼作其他工种,并应确保起重司机清晰准确地听到指挥信号。

(6)作业过程必须遵守起重机“十不吊”原则。

(7)被吊物的捆绑要求,按塔式起重机被吊物捆绑作业要求。

(8)构件存放场地应该平整坚实。构件叠放用方木垫平,必须稳固,不准超高(一般不宜超过1.6m)。构件存放除设置垫木外,必要时要设置相应的支撑,提高其稳定性。禁止无关人员在堆放的构件中穿行,防止发生构件倒塌挤人事故。

(9)在露天遇六级以上大风或大雨、大雪、大雾等天气时,应停止起重吊装作业。

(10)起重机作业时,起重臂和吊物下方严禁有人停留、工作或通过。重物吊运时,严禁人从上方通过。严禁用起重机载运人员。

(11)经常使用的起重工具注意事项。

①手动倒链:操作人员应经培训合格后方可上岗作业,吊物时应挂牢后慢慢拉动倒链,不得斜向拽拉。当一人拉不动时,应查明原因,禁止多人一齐猛拉。

②手搬葫芦:操作人员应经培训合格后方可上岗作业,使用前检查自锁夹钳装置的可靠性,当夹紧钢丝绳后,应能往复运动,否则禁止使用。

③千斤顶:操作人员应经培训合格后方可上岗作业,千斤顶置于平整坚实的地面上,并垫木板或钢板,防止地面沉陷。顶部与光滑物接触面应垫硬木,防止滑动。开始操作应逐渐顶升,注意防止顶歪,始终保持重物的平衡。

七、中小型施工机械安全操作常识

1. 基本安全操作要求

施工机械的使用必须按“定人、定机”制度执行。操作人员必须经培训合格,方可上岗作业,其他人员不得擅自使用。机械使用前,必须对机械设备进行检查,各部位确认完好无损,并空载试运行，符合安全技术要求，方可使用。

施工现场机械设备必须按其控制的要求，配备符合规定的控制设备，严禁使用倒顺开关。在使用机械设备时，必须严格按照安全操作规程，严禁违章作业；发现有故障、有异常响动、温度异常升高时，都必须立即停机，经过专业人员维修，并检验合格后，方可重新投入使用。

操作人员应做到“调整、紧固、润滑、清洁、防腐”十字作业的要求，按有关要求对机械设备进行保养。操作人员在作业时，不得擅自离开工作岗位。下班时，应先将机械停止运行，然后断开电源，锁好电箱，方可离开。

2. 混凝土（砂浆）搅拌机安全操作要求

（1）搅拌机的安装一定要平稳、牢固。长期固定使用时，应埋置地脚螺栓；短期使用时，应在机座上铺设木枕或撑架找平，牢固放置。

（2）料斗提升时，严禁在料斗下工作或穿行。清理料斗坑时，必须先切断电源，锁好电箱，并将料斗双保险钩挂牢或插上保险插销。

（3）运转时，严禁将头或手伸入料斗与机架之间查看，不得用工具或物件伸入搅拌筒内。

（4）运转中严禁保养维修。维修保养搅拌机，必须拉闸断电，锁好电箱，挂好“有人工作，严禁合闸”牌，并有专人监护。

3. 混凝土振动器安全操作要求

常用的混凝土振动器有插入式和平板式。

（1）振动器应安装漏电保护装置，保护接零应牢固可靠。作业时操作人员应穿戴绝缘胶鞋和绝缘手套。

（2）使用前，应检查各部位无损伤，并确认连接牢固，旋转方向正确。

（3）电缆线应满足操作所需的长度。严禁用电缆线拖拉或吊挂振动器。振动器不得在初凝的混凝土、地板、脚手架和干硬的地面上进行试振。在检修或作业间断时，应断开电源。

（4）作业时，振动棒软管的弯曲半径不得小于500mm，并不得多于两个弯，操作时应将振动棒垂直地沉入混凝土，不得用力硬插、斜推或让钢筋夹住棒头，也不得全部插入混凝土中，插入深度不应超过棒长的3/4，不宜触及钢筋、芯管及预埋件。

（5）作业停止需移动振动器时，应先关闭电动机，再切断电源。不得用软管拖拉电动机。

（6）平板式振动器工作时，应使平板与混凝土保持接触，待表面出浆，不再下沉后，即可缓慢移动；运转时，不得搁置在已凝或初凝的混凝土上。

（7）移动平板式振动器应使用干燥绝缘的拉绳，不得用脚踢电动机。

4. 钢筋切断机安全操作要求

（1）机械未达到正常转速时，不得切料。切料时，应使用切刀的中、下部位，紧握钢筋对准刃口迅速投入，操作者应站在固定刀片一侧用力压住钢筋，应防止钢筋末端弹出伤人。严禁用两手在刀片两边握住钢筋俯身送料。

（2）不得剪切直径及强度超过机械铭牌规定的钢筋和烧红的钢筋。一次切断多根钢筋时，其总截面积应在规定范围内。

（3）切断短料时，手和切刀之间的距离应保持在150mm以上，如手握端小于400mm时，应采用套管或夹具将钢筋短头压住或夹牢。

(4)运转中严禁用手直接清除切刀附近的断头和杂物。钢筋摆动周围和切刀周围，不得停留非操作人员。

5. 钢筋弯曲机安全操作要求

(1)应按加工钢筋的直径和弯曲半径的要求，装好相应规格的芯轴和成型轴、挡铁轴。芯轴直径应为钢筋直径的 2.5 倍。挡铁轴应有轴套，挡铁轴的直径和强度不得小于被弯钢筋的直径和强度。

(2)作业时，应将钢筋需弯曲一端插入转盘固定销的间隙内，另一端紧靠机身固定销，并用手压紧；应检查机身固定销并确认安放在挡住钢筋的一侧，方可开动。

(3)作业中，严禁更换轴芯、销子和变换角度以及调整，也不得进行清扫和加油。

(4)对超过机械铭牌规定直径的钢筋严禁进行弯曲。不直的钢筋不得在弯曲机上弯曲。

(5)在弯曲钢筋的作业半径内和机身不设固定销的一侧严禁站人。

(6)转盘换向时，应待停稳后进行。

(7)作业后，应及时清除转盘及插入座孔内的铁锈、杂物等。

6. 钢筋调直切断机安全操作要求

(1)应按调直钢筋的直径，选用适当的调直块及传动速度。调直块的孔径应比钢筋直径大 2～5mm，传动速度应根据钢筋直径选用，直径大的宜选用慢速，经调试合格，方可作业。

(2)在调直块未固定、防护罩未盖好前不得送料。作业中严禁打开各部防护罩并调整间隙。

(3)当钢筋送入后,手与轮应保持一定的距离,不得接近。

(4)送料前应将不直的钢筋端头切除。导向筒前应安装一根1m长的钢管,钢筋应穿过钢管再送入调直机前端的导孔内。

7. 钢筋冷拉安全操作要求

(1)卷扬机的位置应使操作人员能见到全部的冷拉场地,卷扬机与冷拉中线的距离不得少于5m。

(2)冷拉场地应在两端地锚外侧设置警戒区,并应安装防护栏及醒目的警示标志。严禁非作业人员在此停留。操作人员在作业时必须离开钢筋2m以外。

(3)卷扬机操作人员必须看到指挥人员发出的信号,并待所有的人员离开危险区后方可作业。冷拉应缓慢、均匀。当有停车信号或有人进入危险区时,应立即停拉,并稍稍放松卷扬机钢丝绳。

(4)夜间作业的照明设施,应装设在张拉危险区外。当需要装设在场地上空时,其高度应超过5m。灯泡应加防护罩。

8. 圆盘锯安全操作要求

(1)锯片必须平整,锯齿尖锐,不得连续缺齿2个,裂纹长度不得超过20mm。

(2)被锯木料厚度,以锯片能露出木料10～20mm为限。

(3)启动后,必须等待转速正常后,方可进行锯料。

(4)关料时,不得将木料左右晃动或者高抬,遇木节要慢送料。锯料长度不小于500mm。接近端头时,应用推棍送料。

(5)若锯线走偏,应逐渐纠正,不得猛扳。

(6)操作人员不应站在锯片同一直线上操作。手臂不得跨越锯片工作。

9. 蛙式夯实机安全操作要求

(1)夯实作业时,应一人扶夯,一人传递电缆线,且必须戴绝缘手套和穿绝缘鞋。电缆线不得扭结或缠绕,且不得张拉过紧,应保持有3～4m的余量。移动时,应将电缆线移至夯机后方,不得隔机扔电缆线,当转向困难时,应停机调整。

(2)作业时,手握扶手应保持机身平衡,不得用力向后压,并应随时调整行进方向。转弯时不宜用力过猛,不得急转弯。

(3)夯实填高土方时,应在边缘以内100～150mm夯实2～3遍后,再夯实边缘。

(4)在较大基坑作业时,不得在斜坡上夯行,应避免造成夯头后折。

(5)夯实房心土时,夯板应避开房心地下构筑物、钢筋混凝土基桩、机座及地下管道等。

(6)在建筑物内部作业时,夯板或偏心块不得打在墙壁上。

(7)多机作业时,机平列间距不得小于5m,前后间距不得小于10m。

(8)夯机前进方向和夯机四周1m范围内,不得站立非操作人员。

10. 振动冲击夯安全操作要求

(1)内燃冲击夯启动后,内燃机应慢速运转3～5min,然后逐渐加大油门,待夯机跳动稳定后,方可作业。

(2)电动冲击夯在接通电源启动后,应检查电动机旋转方向,有错误时应倒换相联系线。

(3)作业时应正确掌握夯机,不得倾斜,手把不宜握得过紧,能控制夯机前进速度即可。

(4)正常作业时,不得使劲往下压手把,以免影响夯机跳起高度。在较松的填料上作业或上坡时,可将手把稍向下压,增加夯机前进速度。

(5)电动冲击夯操作人员必须戴绝缘手套,穿绝缘鞋。作业时,电缆线不应拉得过紧,应经常检查线头安装,不得松动及引起漏电。严禁冒雨作业。

11. 潜水泵安全操作要求

(1)潜水泵宜先装在坚固的篮筐里再放入水中,亦可在水中将泵的四周设立坚固的防护围网。泵应直立于水中,水深不得小于0.5m,不得在含有泥沙的水中使用。

(2)潜水泵放入水中或提出水面时,应先切断电源,严禁拉拽电缆或出水管。

(3)潜水泵应装设保护接零和漏电保护装置,工作时泵周围30m以内水面,不得有人、畜进入。

(4)应经常观察水位变化,叶轮中心至水平距离应在0.5～3.0m之间,泵体不得陷入污泥或露出水面。电缆不得与井壁、池壁相擦。

(5)每周应测定一次电动机定子绕组的绝缘电阻,其值应无下降。

12. 交流电焊机安全操作要求

(1)外壳必须有保护接零,应有二次空载降压保护器和触电保护器。

(2)电源应使用自动开关,接线板应无损坏,有防护罩。一次线长度不超过5m,二次线长度不得超过30m。

(3)焊接现场10m范围内,不得有易燃、易爆物品。

（4）雨天不得室外作业。在潮湿地点焊接时，要站在胶板或其他绝缘材料上。

（5）移动电焊机时，应切断电源，不得用拖拉电缆的方法移动。当焊接中突然停电时，应立即切断电源。

13. 气焊设备安全操作要求

（1）氧气瓶与乙炔瓶使用时的间距不得小于 5m，存放时的间距不得小于 3m，并且距高温、明火等不得小于 10m；达不到上述要求时，应采取隔离措施。

（2）乙炔瓶存放和使用必须立放，严禁倒放。

（3）在移动气瓶时，应使用专门的抬架或小推车；严禁氧气瓶与乙炔瓶混合搬运；禁止直接使用钢丝绳、链条捆绑搬运。

（4）开关气瓶应使用专用工具。

（5）严禁敲击、碰撞气瓶，作业人员工作时不得吸烟。

第4部分　相关法律法规及务工常识

一、相关法律法规(摘录)

1. 中华人民共和国建筑法(摘录)

第三十六条　建筑工程安全生产管理必须坚持安全第一、预防为主的方针,建立健全安全生产的责任制度和群防群治制度。

第四十四条　建筑施工企业必须依法加强对建筑安全生产的管理,执行安全生产责任制度,采取有效措施,防止伤亡和其他安全生产事故的发生。

建筑施工企业的法定代表人对本企业的安全生产负责。

第四十六条　建筑施工企业应当建立健全劳动安全生产教育培训制度,加强对职工安全生产的教育培训;未经安全生产教育培训的人员,不得上岗作业。

第四十七条　建筑施工企业和作业人员在施工过程中,应当遵守有关安全生产的法律、法规和建筑行业安全规章、规程,不得违章指挥或者违章作业。作业人员有权对影响人身健康的作业程序和作业条件提出改进意见,有权获得安全生产所需的防护用品。作业人员对危及生命安全和人身健康的行为有权提出批评、检举和控告。

第四十八条　建筑施工企业应当依法为职工参加工伤保险,缴纳工伤保险费,鼓励企业为从事危险作业的职工办理意外伤害保险,支付保险费。

第五十一条　施工中发生事故时,建筑施工企业应当采取紧急措施减少人员伤亡和事故损失,并按照国家有关规定及时向有关部门报告。

2. 中华人民共和国劳动法(摘录)

第三条　劳动者享有平等就业和选择职业的权利、取得劳动报酬的权利、休息休假的权利、获得劳动安全卫生保护的权利、接受职业技能培训的权利、享受社会保险和福利的权利、提请劳动争议处理的权利以及法律规定的其他劳动权利。劳动者应当完成劳动任务,提高职业技能,执行劳动安全卫生规程,遵守劳动纪律和职业道德。

第十五条　禁止用人单位招用未满十六周岁的未成年人。

第十六条　劳动合同是劳动者与用人单位确立劳动关系、明确双方权利和义务的协议。

建立劳动关系应当订立劳动合同。

第五十四条　用人单位必须为劳动者提供符合国家规定的劳动安全卫生条件和必要的劳动防护用品,对从事有职业危害作业的劳动者应当定期进行健康检查。

第五十五条　从事特种作业的劳动者必须经过专门培训并取得特种作业资格。

第五十六条　劳动者在劳动过程中必须严格遵守安全操作规程。劳动者对用人单位管理人员违章指挥、强令冒险作业,有权拒绝执行;对危害生命安全和身体健康的行为,有权提出批评、检举和控告。

第五十八条　国家对女职工和未成年工实行特殊劳动保护。

未成年工是指年满十六周岁、未满十八周岁的劳动者。

第六十八条　用人单位应当建立职业培训制度，按照国家规定提取和使用职业培训经费，根据本单位实际，有计划地对劳动者进行职业培训。从事技术工种的劳动者，上岗前必须经过培训。

第七十二条　用人单位和劳动者必须依法参加社会保险，缴纳社会保险费。

第七十七条　用人单位与劳动者发生劳动争议，当事人可以依法申请调解、仲裁、提起诉讼，也可协商解决。调解原则适用于仲裁和诉讼程序。

3. 中华人民共和国安全生产法（摘录）

第六条　生产经营单位的从业人员有依法获得安全生产保障的权利，并应当依法履行安全生产方面的义务。

第十七条　生产经营单位应当具备本法和有关法律、行政法规和国家标准或者行业标准规定的安全生产条件；不具备安全生产条件的，不得从事生产经营活动。

第十八条　生产经营单位的主要负责人对本单位安全生产工作负有下列职责：

（一）建立、健全本单位安全生产责任制；

（二）组织制定本单位安全生产规章制度和操作规程；

（三）组织制定并实施本单位安全生产教育和培训计划；

（四）保证本单位安全生产投入的有效实施；

（五）督促、检查本单位的安全生产工作，及时消除生产安全事故隐患；

（六）组织制定并实施本单位的生产安全事故应急救援预案；

(七)及时、如实报告生产安全事故。

第二十五条　生产经营单位应当对从业人员进行安全生产教育和培训,保证从业人员具备必要的安全生产知识,熟悉有关的安全生产规章制度和安全操作规程,掌握本岗位的安全操作技能,了解事故应急处理措施,知悉自身在安全生产方面的权利和义务。未经安全生产教育和培训合格的从业人员,不得上岗作业。

第二十七条　生产经营单位的特种作业人员必须按照国家有关规定经专门的安全作业培训,取得相应资格,方可上岗作业。

特种作业人员的范围由国务院安全生产监督管理部门会同国务院有关部门确定。

第四十一条　生产经营单位应当教育和督促从业人员严格执行本单位的安全生产规章制度和安全操作规程;并向从业人员如实告知作业场所和工作岗位存在的危险因素、防范措施以及事故应急措施。

第四十二条　生产经营单位必须为从业人员提供符合国家标准或者行业标准的劳动防护用品,并监督、教育从业人员按照使用规则佩戴、使用。

第四十四条　生产经营单位应当安排用于配备劳动防护用品、进行安全生产培训的经费。

第四十八条　生产经营单位必须依法参加工伤保险,为从业人员缴纳保险费。

国家鼓励生产经营单位投保安全生产责任保险。

第四十九条　生产经营单位与从业人员订立的劳动合同,应当载明有关保障从业人员劳动安全、防止职业危害的事项,以及依法为从业人员办理工伤保险的事项。

生产经营单位不得以任何形式与从业人员订立协议，免除或者减轻其对从业人员因生产安全事故伤亡依法应承担的责任。

第五十条　生产经营单位的从业人员有权了解其作业场所和工作岗位存在的危险因素、防范措施及事故应急措施，有权对本单位的安全生产工作提出建议。

第五十一条　从业人员有权对本单位安全生产工作中存在的问题提出批评、检举、控告，有权拒绝违章指挥和强令冒险作业。

生产经营单位不得因从业人员对本单位安全生产工作提出批评、检举、控告或者拒绝违章指挥、强令冒险作业而降低其工资、福利等待遇，或者解除与其订立的劳动合同。

第五十二条　从业人员发现直接危及人身安全的紧急情况时，有权停止作业或者在采取可能的应急措施后撤离作业场所。

生产经营单位不得因从业人员在前款紧急情况下停止作业或者采取紧急撤离措施而降低其工资、福利等待遇或者解除与其订立的劳动合同。

第五十三条　因生产安全事故受到损害的从业人员，除依法享有工伤保险外，依照有关民事法律尚有获得赔偿的权利的，有权向本单位提出赔偿要求。

第五十四条　从业人员在作业过程中，应当严格遵守本单位的安全生产规章制度和操作规程，服从管理，正确佩戴和使用劳动防护用品。

第五十五条　从业人员应当接受安全生产教育和培训，掌握本职工作所需的安全生产知识，提高安全生产技能，增强事故预防和应急处理能力。

第五十六条　从业人员发现事故隐患或者其他不安全因

素，应当立即向现场安全生产管理人员或者本单位负责人报告；接到报告的人员应当及时予以处理。

4. 建设工程安全生产管理条例（摘录）

第十八条　施工起重机械和整体提升脚手架、模板等自升式架设设施的使用达到国家规定的检验、检测期限的，必须经具有专业资质的检验、检测机构检测。经检测不合格的，不得继续使用。

第二十五条　垂直运输机械作业人员、安装拆卸工、爆破作业人员、起重信号工、登高架设作业人员等特种作业人员，必须按照国家有关规定经过专门的安全作业培训，并取得特种作业操作资格证书后，方可上岗作业。

第二十七条　建设工程施工前，施工单位负责项目管理的技术人员应当对有关安全施工的技术要求向施工作业班组、作业人员做出详细说明，并由双方签字确认。

第二十八条　施工单位应当在施工现场入口处、施工起重机械、临时用电设施、脚手架、出入通道口、楼梯口、电梯井口、孔洞口、桥梁口、隧道口、基坑边沿、爆破物及有害危险气体和液体存放处等危险部位，设置明显的安全警示标志。安全标志必须符合国家标准。

第二十九条　施工单位应当将施工现场的办公、生活区与作业区分开设置，并保持安全距离；办公、生活区的选择应当符合安全性要求。职工的膳食、饮水、休息场所等应当符合卫生标准。施工单位不得在尚未竣工的建筑物内设置员工集体宿舍。

施工现场临时搭建的建筑物应当符合安全使用要求。施工现场使用的装配式活动房屋应当具有产品合格证。

第三十二条　施工单位应当向作业人员提供安全防护用具

和安全防护服装，并书面告知危险岗位的操作规程和违章操作的危害。

作业人员有权对施工现场的作业条件、作业程序和作业方式中存在的安全问题提出批评、检举和控告，有权拒绝违章指挥和强令冒险作业。

在施工中发生危及人身安全的紧急情况时，作业人员有权立即停止作业或者在采取必要的应急措施后撤离危险区域。

第三十三条 作业人员应当遵守安全施工的强制性标准、规章制度和操作规程，正确使用安全防护用具、机械设备等。

第三十六条 施工单位应当对管理人员和作业人员每年至少进行一次安全生产教育培训，其教育培训情况记入个人工作档案。安全生产教育培训考核不合格的人员，不得上岗。

第三十七条 作业人员进入新的岗位或者新的施工现场前，应当接受安全生产教育培训。未经教育培训或者教育培训考核不合格的人员，不得上岗作业。

施工单位在采用新技术、新工艺、新设备、新材料时，应当对作业人员进行相应的安全生产教育培训。

第三十八条 施工单位应当为施工现场从事危险作业的人员办理意外伤害保险。

意外伤害保险费由施工单位支付。

5. 工伤保险条例（摘录）

第二条 中华人民共和国境内的企业、事业单位、社会团体、民办非企业单位、基金会、律师事务所、会计师事务所等组织和有雇工的个体工商户（以下称用人单位）应当依照本条例规定参加工伤保险，为本单位全部职工或者雇工（以下称职工）缴纳工伤保险费。

中华人民共和国境内的企业、事业单位、社会团体、民办非企业单位、基金会、律师事务所、会计师事务所等组织的职工和个体工商户的雇工，均有依照本条例的规定享受工伤保险待遇的权利。

第十条　用人单位应当按时缴纳工伤保险费。职工个人不缴纳工伤保险费。

第二十一条　职工发生工伤，经治疗伤情相对稳定后存在残疾、影响劳动能力的，应当进行劳动能力鉴定。

第三十条　职工因工作遭受事故伤害或者患职业病进行治疗，享受工伤医疗待遇……

二、务工就业及社会保险

1. 劳动合同

(1)用人单位应当依法与劳动者签订劳动合同。

劳动合同是劳动者与用人单位确立劳动关系、明确双方权利和义务的协议。建立劳动关系应当订立劳动合同。订立和变更劳动合同，应遵循平等自愿、协商一致的原则，不得违反法律、行政法规的规定。劳动合同应当具备以下必备条款：

①劳动合同期限。即劳动合同的有效时间。

②工作内容。即劳动者在劳动合同有效期内所从事的工作岗位(工种)，以及工作应达到的数量、质量指标或者应当完成的任务。

③劳动保护和劳动条件。即为了保障劳动者在劳动过程中的安全、卫生及其他劳动条件，用人单位根据国家有关法律、法规而采取的各项保护措施。

④劳动报酬。即在劳动者提供了正常劳动的情况下，用人

单位应当支付的工资。

⑤劳动纪律。即劳动者在劳动过程中必须遵守的工作秩序和规则。

⑥劳动合同终止的条件。即除了期限以外其他由当事人约定的特定法律事实，这些事实一出现，双方当事人之间的权利义务关系终止。

⑦违反劳动合同的责任。即当事人不履行劳动合同或者不完全履行劳动合同，所应承担的相应法律责任。

(2)试用期应包括在劳动合同期限之中。

根据《中华人民共和国劳动法》(以下简称《劳动法》)规定，用人单位与劳动者签订的劳动合同期限可以分为三类：

①有固定期限，即在合同中明确约定效力期间，期限可长可短，长到几年、十几年，短到一年或者几个月。

②无固定期限，即劳动合同中只约定了起始日期，没有约定具体终止日期。无固定期限劳动合同可以依法约定终止劳动合同条件，在履行中只要不出现约定的终止条件或法律规定的解除条件，一般不能解除或终止，劳动关系可以一直存续到劳动者退休为止。

③以完成一定的工作为期限，即以完成某项工作或者某项工程为有效期限，该项工作或者工程一经完成，劳动合同即终止。

签订劳动合同可以不约定试用期，也可以约定试用期，但试用期最长不得超过6个月。劳动合同期限在6个月以下的，试用期不得超过15日；劳动合同期限在6个月以上1年以下的，试用期不得超过30日；劳动合同期限在1年以上2年以下的，试用期不得超过60日。试用期包括在劳动合同期限中。非全日制劳动合同，不得约定试用期。

(3)订立劳动合同时,用人单位不得向劳动者收取定金、保证金或扣留居民身份证。

根据劳动保障部《劳动力市场管理规定》,禁止用人单位招用人员时向求职者收取招聘费用、向被录用人员收取保证金或抵押金、扣押被录用人员的身份证等证件。用人单位违反规定的,由劳动保障行政部门责令改正,并可处以1000元以下罚款;对当事人造成损害的,应承担赔偿责任。

(4)劳动者不必履行无效的劳动合同。

①无效的劳动合同是指不具有法律效力的劳动合同。根据《劳动法》的规定,下列劳动合同无效:

a. 违反法律、行政法规的劳动合同。

b. 采取欺诈、威胁等手段订立的劳动合同。劳动合同的无效,由劳动争议仲裁委员会或者人民法院确认。无效的劳动合同,从订立的时候起,就没有法律约束力。也就是说,劳动者自始至终都无须履行无效劳动合同。确认劳动合同部分无效的,如果不影响其余部分的效力,其余部分仍然有效。

②由于用人单位的原因订立的无效合同,对劳动者造成损害的,应当承担赔偿责任。具体包括:

a. 造成劳动者工资收入损失的,按劳动者本人应得工资收入支付给劳动者,并加付应得工资收入25%的赔偿费用。

b. 造成劳动者劳动保护待遇损失的,应按国家规定补足劳动者的劳动保护津贴和用品。

c. 造成劳动者工伤、医疗待遇损失的,除按国家规定为劳动者提供工伤、医疗待遇外,还应支付劳动者相当于医疗费用25%的赔偿费用。

d. 造成女职工和未成年工身体健康损害的,除按国家规定提供治疗期间的医疗待遇外,还应支付相当于其医疗费用25%

的赔偿费用。

e. 劳动合同约定的其他赔偿费用。

(5)用人单位不得随意变更劳动合同。

劳动合同的变更,是指劳动关系双方当事人就已订立的劳动合同的部分条款达成修改、补充或者废止协定的法律行为。《劳动法》规定,变更劳动合同,应当遵循平等自愿、协商一致的原则,不得违反法律、行政法规的规定。经双方协商同意依法变更后的劳动合同继续有效,对双方当事人都有约束力。

(6)解除劳动合同应当符合《劳动法》的规定。

劳动合同的解除,是指劳动合同有效成立后至终止前这段时期内,当具备法律规定的劳动合同解除条件时,因用人单位或劳动者一方或双方提出,而提前解除双方的劳动关系。根据《劳动法》的规定,劳动者可以和用人单位协商解除劳动合同,也可以在符合法律规定的情况下单方解除劳动合同。

①劳动者单方解除。

a.《劳动法》第三十一条规定:劳动者解除劳动合同,应当提前三十日以书面形式通知用人单位。这是劳动者解除劳动合同的条件和程序。劳动者提前三十日以书面形式通知用人单位解除劳动合同,无须征得用人单位的同意,用人单位应及时办理有关解除劳动合同的手续。但由于劳动者违反劳动合同的有关约定而给用人单位造成经济损失的,应依据有关规定和劳动合同的约定,由劳动者承担赔偿责任。

b.《劳动法》第三十二条规定:有下列情形之一的,劳动者可以随时通知用人单位解除劳动合同:

(a)在试用期内的;

(b)用人单位以暴力、威胁或者非法限制人身自由的手段强迫劳动的;

(c)用人单位未按照劳动合同约定支付劳动报酬或者提供劳动条件的。

②用人单位单方解除。

a.《劳动法》第二十五条规定,劳动者有下列情形之一的,用人单位可以解除劳动合同:

(a)在试用期间被证明不符合录用条件的;

(b)严重违反劳动纪律或者用人单位规章制度的;

(c)严重失职、营私舞弊,对用人单位利益造成重大损害的;

(d)被依法追究刑事责任的。

b.《劳动法》第二十六条规定:有下列情形之一的,用人单位可以解除劳动合同,但是应当提前三十日以书面形式通知劳动者本人:

(a)劳动者患病或者非因工负伤,医疗期满后,既不能从事原工作也不能从事由用人单位另行安排的工作的;

(b)劳动者不能胜任工作,经过培训或者调整工作岗位,仍不能胜任工作的;

(c)劳动合同订立时所依据的客观情况发生重大变化,致使原劳动合同无法履行,经当事人协商不能就变更劳动合同达成协议的。

c.《劳动法》第二十七条规定:用人单位濒临破产进行法定整顿期间或者生产经营状况发生严重困难,确需裁减人员的,应当提前三十日向工会或者全体职工说明情况,听取工会或者职工的意见,经向劳动保障行政部门报告后,可以裁减人员。并且规定,用人单位自裁减人员之日起六个月内录用人员的,应当优先录用被裁减的人员。

(7)用人单位解除劳动合同应当依法向劳动者支付经济补偿金。

根据《劳动法》规定，在下列情况下，用人单位解除与劳动者的劳动合同，应当根据劳动者在本单位的工作年限，每满一年发给相当于一个月工资的经济补偿金：

①经劳动合同当事人协商一致，由用人单位解除劳动合同的。

②劳动者不能胜任工作，经过培训或者调整工作岗位仍不能胜任工作，由用人单位解除劳动合同的。

以上两种情况下支付经济补偿金，最多不超过12个月。

③劳动合同订立时所依据的客观情况发生了重大变化，致使原劳动合同无法履行，经当事人协商不能就变更劳动合同达成协议，由用人单位解除劳动合同的。

④用人单位濒临破产进行法定整顿期间或者生产经营状况发生严重困难，必须裁减人员，由用人单位解除劳动合同的。

⑤劳动者患病或者非因工负伤，经劳动鉴定委员会确认不能从事原工作，也不能从事用人单位另行安排的工作而解除劳动合同的；在这类情况下，同时应发给不低于6个月工资的医疗补助费。劳动者患重病或者绝症的还应增加医疗补助费，患重病的增加部分不低于医疗补助费的50%，患绝症的增加部分不低于医疗补助费的100%。

另外，用人单位解除劳动者劳动合同后，未按以上规定给予劳动者经济补偿的，除必须全额发给经济补偿金外，还须按欠发经济补偿金数额的50%支付额外经济补偿金。

经济补偿金应当一次性发给。劳动者在本单位工作时间不满一年的按一年的标准计算。计算经济补偿金的工资标准是企业正常生产情况下，劳动者解除合同前12个月的月平均工资；在以上第③、④、⑤类情况下，给予经济补偿金的劳动者月平均工资低于企业月平均工资的，应按企业月平均工资支付。

(8)用人单位不得随意解除劳动合同。

《劳动法》及《违反〈劳动法〉有关劳动合同规定的赔偿办法》(劳部发[1995]223号)规定,用人单位不得随意解除劳动合同。用人单位违法解除劳动合同的,由劳动保障行政部门责令改正;对劳动者造成损害的,应当承担赔偿责任。具体赔偿标准是:

①造成劳动者工资收入损失的,按劳动者本人应得工资收入支付劳动者,并加付应得工资收入25%的赔偿费用。

②造成劳动者劳动保护待遇损失的,应按国家规定补足劳动者的劳动保护津贴和用品。

③造成劳动者工伤、医疗待遇损失的,除按国家规定为劳动者提供工伤、医疗待遇外,还应支付劳动者相当于医疗费用25%的赔偿费用。

④造成女职工和未成年工身体健康损害的,除按国家规定提供治疗期间的医疗待遇外,还应支付相当于其医疗费用25%的赔偿费用。

⑤劳动合同约定的其他赔偿费用。

2. 工资

(1)用人单位应该按时足额支付工资。

《劳动法》中的"工资"是指用人单位依据国家有关规定或劳动合同的约定,以货币形式直接支付给本单位劳动者的劳动报酬,一般包括计时工资、计件工资、奖金、津贴和补贴、延长工作时间的工资报酬以及特殊情况下支付的工资等。

(2)用人单位不得克扣劳动者工资。

《劳动法》以及《违反〈中华人民共和国劳动法〉行政处罚办法》等规定,用人单位不得克扣劳动者工资。用人单位克扣劳动者工资的,由劳动保障行政部门责令支付劳动者的工资报酬,并加发相当于工资报酬 25%的经济补偿金。并可责令用人单位按相当于支付劳动者工资报酬、经济补偿总和的一至五倍支付劳动者赔偿金。

“克扣工资”是指用人单位无正当理由扣减劳动者应得工资（即在劳动者已提供正常劳动的前提下，用人单位按劳动合同规定的标准应当支付给劳动者的全部劳动报酬）。

（3）用人单位不得无故拖欠劳动者工资。

《劳动法》以及《违反〈中华人民共和国劳动法〉行政处罚办法》等规定，用人单位无故拖欠劳动者工资的，由劳动保障行政部门责令支付劳动者的工资报酬，并加发相当于工资报酬 25%的经济补偿金。并可责令用人单位按相当于支付劳动者工资报酬、经济补偿总和的一至五倍支付劳动者赔偿金。

“无故拖欠工资”是指用人单位无正当理由超过规定付薪时间未支付劳动者工资。

（4）农民工工资标准。

①在劳动者提供正常劳动的情况下，用人单位支付的工资不得低于当地最低工资标准。

根据《劳动法》、劳动保障部《最低工资规定》等规定，在劳动者提供正常劳动的情况下，用人单位应支付给劳动者的工资在剔除下列各项以后，不得低于当地最低工资标准：

a. 延长工作时间工资。

b. 中班、夜班、高温、低温、井下、有毒有害等特殊工作环境条件下的津贴。

c. 法律、法规和国家规定的劳动者福利待遇等。

实行计件工资或提成工资等工资形式的用人单位，在科学合理的劳动定额基础上，其支付劳动者的工资不得低于相应的最低工资标准。

用人单位违反以上规定的，由劳动保障行政部门责令其限期补发所欠劳动者工资，并可责令其按所欠工资的一至五倍支付劳动者赔偿金。

②在非全日制劳动者提供正常劳动的情况下，用人单位支付的小时工资不得低于当地小时工资最低标准。

劳动保障部《最低工资规定》《关于非全日制用工若干问题的意见》规定，非全日制用工是指以小时计酬、劳动者在同一用人单位平均每日工作时间不超过 5h、累计每周工作时间不超过 30h 的用工形式。用人单位应当按时足额支付非全日制劳动者的工资，具体可以按小时、日、周或月为单位结算。在非全日制劳动者提供正常劳动的情况下，用人单位支付的小时工资不得低于当地小时工资最低标准。非全日制用工的小时工资最低标准由省、自治区、直辖市规定。

③用人单位安排劳动者加班加点应依法支付加班加点工资。《劳动法》以及《违反〈中华人民共和国劳动法〉行政处罚办法》等规定，用人单位安排劳动者加班加点应依法支付加班加点工资。用人单位拒不支付加班加点工资的，由劳动保障行政部门责令支付劳动者的工资报酬，并加发相当于工资报酬 25%的经济补偿金。并可责令用人单位按相当于支付劳动者工资报酬、经济补偿总和的一至五倍支付劳动者赔偿金。

劳动者日工资可统一按劳动者本人的月工资标准除以每月制度工作天数进行折算。职工全年月平均工作天数和工作时间分别为 20.92 天和 167.4h，职工的日工资和小时工资按此进行折算。

3. 社会保险

(1)农民工有权参加基本医疗保险。

根据国家有关规定，各地要逐步将与用人单位形成劳动关系的农村进城务工人员纳入医疗保险范围。根据农村进城务工人员的特点和医疗需求，合理确定缴费率和保障方式，解决他们在务工期间的大病医疗保障问题，用人单位要按规定为其缴纳医疗保险费。对在城镇从事个体经营等灵活就业的农村进城务工人员，可以按照灵活就业人员参保的有关规定参加医疗保险。据此，在已经将农民工纳入医疗保险范围的地区，农民工有权参加医疗保险，用人单位和农民工本人应依法缴纳医疗保险费，农民工患病时，可以按照规定享受有关医疗保险待遇。

(2)农民工有权参加基本养老保险。

按照国务院《社会保险费征缴暂行条例》等有关规定，基本养老保险覆盖范围内的用人单位的所有职工，包括农民工，都应该参加养老保险，履行缴费义务。参加养老保险的农民合同制职工，在与企业终止或解除劳动关系后，由社会保险经办机构保留其养老保险关系，保管其个人账户并计息。凡重新就业的，应接续或转移养老保险关系；也可按照省级政府的规定，根据农民合同制职工本人申请，将其个人账户个人缴费部分一次性支付给本人，同时终止养老保险关系。农民合同制职工在男年满60周岁、女年满55周岁时，累计缴费年限满15年以上的，可按规定领取基本养老金；累计缴费年限不满15年的，其个人账户全部储存额一次性支付给本人。

(3)农民工有权参加失业保险。

根据《失业保险条例》规定，城镇企业事业单位招用的农民合同制工人应该参加失业保险，用人单位按规定为农民工缴纳社会保险费，农民合同制工人本人不缴纳失业保险费。单位招用的农民合同制工人连续工作满1年，本单位并已缴纳失业保险费，劳动合同期满未续订或者提前解除劳动合同的，由社会保险经办机构根据其工作时间长短，对其支付一次性生活补助。

补助的办法和标准由省、自治区、直辖市人民政府规定。

(4)用人单位应依法为农民工参加生育保险。

目前我国的生育保险制度还没有普遍建立,各地工作进展不平衡。从各地制定的规定看,有的地区没有将农民工纳入生育保险覆盖范围,有的地区则将农民工纳入了生育保险覆盖范围。如果农民工所在地区将农民工纳入了生育保险覆盖范围,农民工所在单位应按规定为农民工参加生育保险并缴纳生育保险费,符合规定条件的生育农民工依法享受生育保险待遇。

(5)劳动争议与调解处理。

劳动争议,也称劳动纠纷,就是指劳动关系当事人双方(用人单位和劳动者)之间因执行劳动法律、法规或者履行劳动合同以及其他劳动问题而发生劳动权利与义务方面的纠纷。

①劳动争议的范围。劳动争议的内容,是指劳动合同关系中当事人的权利与义务。所以,用人单位与劳动者之间发生的争议不都是劳动争议。只有在争议涉及劳动关系双方当事人在劳动关系中的权利和义务时,它才是劳动争议。劳动争议包括:因开除、除名、辞退职工和职工辞职、自动离职发生的争议;因执行国家有关工资、保险、福利、培训、劳动保护的规定发生的争议;因履行劳动合同发生的争议等。

②劳动争议处理机构。我国的劳动争议处理机构主要有:企业劳动争议调解委员会、各级政府劳动争议仲裁委员会和人民法院。根据《劳动法》等的规定:在用人单位内可以设劳动争议调解委员会,负责调解本单位的劳动争议;在县、市、市辖区应当设立劳动争议仲裁委员会;各级人民法院的民事审判庭负责劳动争议案件的审理工作。

③劳动争议的解决方法。根据我国有关法律、法规的规定,解决劳动争议的方法如下:

a. 协商。劳动争议发生后，双方当事人应当先进行协商，以达成解决方案。

b. 调解。就是企业调解委员会对本单位发生的劳动争议进行调解。从法律、法规的规定看，这并不是必经的程序。但它对于劳动争议的解决却起到很大作用。

c. 仲裁。劳动争议调解不成的，当事人可以向劳动争议仲裁委员会申请仲裁。当事人也可以直接向劳动争议仲裁委员会申请仲裁。当事人从知道或应当知道其权利被侵害之日起 60 日内，以书面形式向仲裁委员会申请仲裁。仲裁委员会应当自收到申请书之日起 7 日内做出受理或不予受理的决定。

d. 诉讼。当事人对仲裁裁决不服的，可以自收到仲裁裁决之日起 15 日内向人民法院起诉。人民法院民事审判庭受理和审理劳动争议案件。

④维护自身权益要注意法定时限。劳动者通过法律途径维护自身权益，一定要注意不能超过法律规定的时限。劳动者通过劳动争议仲裁、行政复议等法律途径维护自身合法权益，或者申请工伤认定、职业病诊断与鉴定等，一定要注意在法定的时限内提出申请。如果超过了法定时限，有关申请可能不会被受理，致使自身权益难以得到保护。主要的时限包括：

a. 申请劳动争议仲裁的，应当在劳动争议发生之日（即当事人知道或应当知道其权利被侵害之日）起 60 日内向劳动争议仲裁委员会申请仲裁。

b. 对劳动争议仲裁裁决不服、提起诉讼的，应当自收到仲裁裁决书之日起 15 日内，向人民法院提起诉讼。

c. 申请行政复议的，应当自知道该具体行政行为之日起 60 日内提出行政复议申请。

d. 对行政复议决定不服、提起行政诉讼的，应当自收到行政复议决定书之日起 15 日内，向人民法院提起行政诉讼。

e. 直接向人民法院提起行政诉讼的，应当在知道做出具体行政行为之日起 3 个月内提出，法律另有规定的除外。因不可抗力或者其他特殊情况耽误法定期限的，在障碍消除后的 10 日内，可以申请延长期限，由人民法院决定。

f. 申请工伤认定的，所在单位应当自事故伤害发生之日或者被诊断、鉴定为职业病之日起 30 日内，向统筹地区劳动保障行政部门提出工伤认定申请。遇有特殊情况，经报劳动保障行政部门同意，申请时限可以适当延长。用人单位未按前款规定提出工伤认定申请的，工伤职工或者其直系亲属、工会组织在事故伤害发生之日或者被诊断、鉴定为职业病之日起 1 年内，可以直接向用人单位所在地统筹地区劳动保障行政部门提出工伤认定申请。

三、工人健康卫生知识

1. 常见疾病的预防和治疗

(1)流行性感冒。

①流行性感冒的传播方式。流行性感冒简称流感，是由流感病毒引起的一种急性呼吸道传染病。流感的传染源主要是患者，病后 1～7 天均有传染性。流感主要通过呼吸道传播，传染性很强，常引起流行。一般常突然发生，迅速蔓延，患者数多。

提示：发生流行性感冒时应注意与病人保持一定距离，以免被传染。

②流行性感冒的症状。流感的症状与感冒类似，主要是发热及上呼吸道感染症状，如咽痛、鼻塞、流鼻涕、打喷嚏、咳嗽等。流感的全身症状重，而局部症状很轻。

③流行性感冒的预防。

a. 最主要的是注射流感疫苗，疫苗应于流感流行前1～2个月注射。因流感冬季易发，故常于每年10月左右进行注射。

b. 应当尽量避免接触病人，流行期间不到人多的地方去。

c. 增强身体抵抗力最重要，生活规律、适当锻炼、合理营养、精神愉快非常关键。

d. 避免过累、精神紧张、着凉、酗酒等。

（2）细菌性痢疾。

①细菌性痢疾的传播方式。细菌性痢疾（简称菌痢），是夏秋季节最常见的急性肠道传染病，由痢疾杆菌引起，以结肠化脓性炎症为主要病变。菌痢主要通过粪一口途径传播，即患者大便中的痢疾杆菌可以污染手、食物、水、蔬菜、水果等而进入口中引起感染。细菌性痢疾终年均有发生，但多流行于夏秋季节。人群对此病普遍易感，幼儿及青壮年发病率较高。

②细菌性痢疾的症状。细菌性痢疾病情可轻可重，轻者仅有轻度腹泻，重者可有发热、全身不适、乏力、恶心、呕吐、腹痛、腹泻。腹泻次数由一日数次至十数次不等，患者常有老想解大便可总也解不干净的感觉（里急后重），患者大便中常有黏液，重者有脓血。

③细菌性痢疾的预防。

a. 做好痢疾患者的粪便、呕吐物的消毒处理，管理好水源，防止病菌污染水源、土壤及农作物；患者使用过的厕所、餐具等也应消毒。

b. 不喝生水，不生吃水产品，蔬菜要洗净、炒熟再吃，水果应洗净削皮后食用。

c. 养成饭前、便后洗手的习惯，不吃被苍蝇、蟑螂叮咬过或爬过的食物，积极做好灭苍蝇、灭蟑螂工作。

d. 加强体育锻炼，增强体质。

重点：注意个人卫生，养成饭前、便后洗手的习惯。

(3)食物中毒。

①细菌性食物中毒的传播方式。细菌性食物中毒是由于进食被细菌或细菌毒素污染的食物而引起的急性感染中毒性疾病。细菌性食物中毒是典型的肠道传染病，发生原因主要有以下几个方面：

a. 食物在宰杀或收割、运输、储存、销售等过程中受到病菌的污染。

b. 被致病菌污染的食物在较高的温度下存放，食品中充足的水分、适宜的酸碱度及营养条件使致病菌大量繁殖或产生毒素。

c. 食品在食用前未烧透或熟食受到生食交叉污染。

d. 在缺氧环境中(如罐头等)肉毒杆菌产生毒素。

②细菌性食物中毒的症状。胃肠型细菌性食物中毒是食物中毒中最常见的一种，是由于食用了被细菌或细菌毒素污染的食物所引起的。绝大多数患者表现为胃肠炎的症状，如恶心、呕吐、腹痛、腹泻、排水样便等。腹泻一天数次到数十次不等，多数是稀水样便，个别人可有黏液血便、血水样便等，极少数患者可以发生败血症。

③细菌性食物中毒的预防。

a. 防止食品污染。加强对污染源的管理，做好牲畜屠宰前后的卫生检验，防止感染；对海鲜类食品应加强管理，防止污染其他食品；要严防食品加工、贮存、运输、销售过程中被病原体污染；食品容器、刀具等应严格生熟分开使用，做好消毒工作，防止交叉污染；生产场所、厨房、食堂等要有防蝇、防鼠设备；严格遵守饮食行业和炊事人员的个人卫生制度；患化脓性病症和上呼吸道感染的患者，在治愈前不应参加接触食品的工作。

b. 控制病原体繁殖及外毒素的形成。食品应低温保存或放在阴凉通风处，食品中加盐量达10%也可有效控制细菌繁殖及毒素形成。

c. 彻底加热杀灭细菌及破坏毒素。这是防止食物中毒的重要措施，要彻底杀灭肉中的病原体，肉块不应太大，加热时其内部温度可以达到80℃，这样持续12min就可将细菌杀死。

d. 凡是食品在加工和保存过程中有厌氧环境存在，均应防止肉毒杆菌的污染，过期罐头——特别是产气罐头（其盖鼓起）均勿食用。

(4)病毒性肝炎。

①病毒性肝炎的类型。病毒性肝炎是由多种肝炎病毒引起的，以肝脏损害为主的一组全身性传染病。按病原体分类，目前已确定的有甲型肝炎、乙型肝炎、丙型肝炎、丁型肝炎、戊型肝炎。通过实验诊断排除上述类型的肝炎者，称为“非甲—戊型肝炎”。

②病毒性肝炎的传染源。

a. 甲型肝炎无病毒携带状态，传染源为急性期患者和隐性感染者。粪便排毒期在起病前2周至血清转氨酶高峰期后1周，少数患者延长至病后30天。

b. 乙型肝炎属于常见传染病，可通过母婴、血液和体液传播。传染源主要是急、慢性乙型肝炎患者和病毒携带者。急性患者在潜伏期末及急性期有传染性，但不超过6个月。慢性患者和病毒携带者作为传染源预防的意义重大。

c. 丙型肝炎的传染源是急、慢性患者和无症状病毒携带者。

d. 丁型肝炎的传染源与乙型肝炎相似。

e. 戊型肝炎的传染源与甲型肝炎相似。

③病毒性肝炎的症状。

a. 疲乏无力、懒动、下肢酸困不适，稍加活动则难以支持。

b. 食欲不振、食欲减退、厌油、恶心、呕吐及腹胀，往往食后加重。

c. 部分病人尿黄、尿色如浓茶，大便色淡或灰白，腹泻或便秘。

d. 右上腹部有持续性腹痛，个别病人可呈针刺样或牵拉样疼痛，于活动、久坐后加重，卧床休息后可缓解，右侧卧时加重，左侧卧时减轻。

e. 医生检查可有肝脏肿大、压痛、肝区叩击痛、肝功能损害，部分病例出现发热及黄疸表现。

f. 血清谷丙转氨酶及血中总胆红素升高有助于诊断，也可进一步做血清免疫学检查及明确肝炎类型。

④病毒性肝炎的预防。病毒性肝炎预防应采取以切断传播途径为重点的综合性措施。

对甲型、戊型肝炎，重点抓好水源保护、饮水消毒、食品加工、粪便管理等，切断粪—口途径传播，注意个人卫生，饭前、便后洗手，不喝生水，生吃瓜果要洗净。对于急性病如甲型和戊型肝炎病人接触的易感人群，应注射人血丙种球蛋白，注射时间越早越好。

对乙型、丙型和丁型肝炎，重点在于防止通过血液和体液的传播，各种医疗及预防注射，应实行一人一针一管，对带血清的污染物应严格消毒，对血液和血液制品应严格检测。对学龄前儿童和密切接触者，应接种乙肝疫苗；乙肝疫苗和乙肝免疫球蛋白联合应用可有效地阻断母婴传播；医务人员在工作中因医疗意外或医疗操作不慎感染乙肝病毒，应立即注射免疫球蛋白。

2. 职业病的预防和治疗

(1)职业病定义。

所谓职业病,是指企业、事业单位和个体经济组织的劳动者在职业活动中,因接触粉尘、放射性物质和其他有毒、有害物质等因素而引起的疾病。对于患职业病的,我国法律规定,应属于工伤,享受工伤待遇。

(2)建筑企业常见的职业病。

①接触各种粉尘引起的尘肺病。

②电焊工尘肺、眼病。

③直接操作振动机械引起的手臂振动病。

④油漆工、粉刷工接触有机材料散发的不良气体引起的中毒。

⑤接触噪声引起的职业性耳聋。

⑥长期超时、超强度地工作,精神长期过度紧张造成相应职业病。

⑦高温中暑等。

(3)职业病鉴定与保障。

劳动者如果怀疑所得的疾病为职业病,应当及时到当地卫生部门批准的职业病诊断机构进行职业病诊断。对诊断结论有异议的,可以在30日内到市级卫生行政部门申请职业病诊断鉴定,鉴定后仍有异议的,可以在15日内到省级卫生行政部门申请再鉴定。被诊断、鉴定为职业病,所在单位应当自被诊断、鉴定为职业病之日起30日内,向统筹地区劳动保障行政部门提出工伤认定申请。

提示:劳动者日常需要注意收集与职业病相关的材料。

(4)职业病的诊断。

根据《中华人民共和国职业病防治法》(以下简称《职业病防治法》)和《职业病诊断与鉴定管理办法》的有关规定,具体程序为:

①职业病诊断应当由省级以上人民政府卫生行政部门批准的医疗卫生机构承担,劳动者可以在用人单位所在地或者本人居住地依法承担职业病诊断的医疗卫生机构进行职业病诊断。

②当事人申请职业病诊断时应当提供以下材料:

a. 职业史、既往史。

b. 职业健康监护档案复印件。

c. 职业健康检查结果。

d. 工作场所历年职业病危害因素检测、评价资料。

e. 诊断机构要求提供的其他必需的有关材料。

③职业病诊断应当依据职业病诊断标准,结合职业病危害接触史、工作场所职业病危害因素检测与评价、临床表现和医学检查结果等资料,综合做出分析。

④职业病诊断机构在进行职业病诊断时,应当组织三名以上取得职业病诊断资格的执业医师进行集体诊断。

⑤职业病诊断机构做出职业病诊断后,应当向当事人出具职业病诊断证明书。职业病诊断证明书应当明确是否患有职业病,对患有职业病的,还应当载明所患职业病的名称、程度(期别)、处理意见和复查时间。

⑥当事人对职业病诊断有异议的,在接到职业病诊断证明书之日起 30 日内,可以向做出诊断的医疗卫生机构所在地的市级卫生行政部门申请鉴定。

⑦当事人申请职业病诊断鉴定时,应当提供以下材料:

a. 职业病诊断鉴定申请书。

b. 职业病诊断证明书。

c.其他有关资料。职业病诊断鉴定办事机构应当自收到申请资料之日起10日内完成材料审核,对材料齐全的发给受理通知书;材料不全的,通知当事人补充。职业病诊断鉴定办事机构应当在受理鉴定之日起60日内组织鉴定。

⑧鉴定委员会应当认真审查当事人提供的材料,必要时可听取当事人的陈述和申辩,对被鉴定人进行医学检查,对被鉴定人的工作场所进行现场调查取证。

⑨职业病诊断鉴定书应当包括以下内容:

a.劳动者、用人单位的基本情况及鉴定事由。

b.参加鉴定的专家情况。

c.鉴定结论及其依据,如果为职业病,应当注明职业病名称、程度(期别)。

d.鉴定时间。职业病诊断鉴定书应当于鉴定结束之日起20日内由职业病诊断鉴定办事机构发送给当事人。

(5)劳动者有权利拒绝从事容易发生职业病的工作。

劳动者依法享有保持自己身体健康的权利,因此,对于是否选择从事存在职业病危害的工作,应当由劳动者依照其自己的意愿决定。而要使劳动者能够自行决定是否选择从事该工作,就应当保证劳动者对相关工作内容以及其可能带来的危害有一定的了解。正因为如此,《职业病防治法》规定:"用人单位与劳动者订立劳动合同(含聘用合同,下同)时,应当将工作过程中可能产生的职业病危害及其后果、职业病防护措施和待遇等如实告知劳动者,并在劳动合同中写明,不得隐瞒或者欺骗。""劳动者在已订立劳动合同期间因工作岗位或者工作内容变更,从事与所订立劳动合同中未告知的存在职业病危害的作业时,用人单位应当依照前款规定,向劳动者履行如实告知的义务,并协商变更原劳动合同相关条款。""用人单位违反前两款规定的,劳动者有权拒绝从事存在职业病危害的作业，用人单位不得因此解除或者终止与劳动者所订立的劳动合同。”

另外，根据《职业病防治法》的规定，用人单位违反本规定，订立或者变更劳动合同时，未告知劳动者职业病危害真实情况的，由卫生行政部门责令限期改正，给予警告，可以并处 2 万元以上 5 万元以下的罚款。

根据前述规定，如果用人单位没有将工作过程中可能产生的职业病危害及其后果、职业病防护措施和待遇等如实告知劳动者，并在劳动合同中写明，那么劳动者就有权利拒绝从事存在职业病危害的作业，并且用人单位不得因劳动者拒绝从事该作业而解除或者终止劳动者的劳动合同。

（6）患职业病的劳动者有权获得相应的保障。

①患职业病的劳动者有权利获得职业保障。《中华人民共和国劳动合同法》规定，用人单位以下情形不得解除劳动合同：

a. 患职业病或者因工负伤并确认丧失或者部分丧失劳动能力的。

b. 患病或者负伤，在规定的医疗期内的。职业病病人依法享受国家规定的职业病待遇，用人单位对不适宜继续从事原工作的职业病病人，应当调离原岗位，并妥善安置。

②患职业病的劳动者有权利获得医疗保障。《职业病防治法》规定：“职业病病人依法享受国家规定的职业病待遇。用人单位应当按照国家有关规定，安排职业病病人进行治疗、康复和定期检查。”

③患职业病的劳动者有权利获得生活保障。《职业病防治法》规定：“劳动者被诊断患有职业病，但用人单位没有依法参加工伤社会保险的，其医疗和生活保障由最后的用人单位承担。”

④患职业病的劳动者有权利依法获得赔偿。职业病病人除依法享有工伤社会保险外，依照有关民事法律，尚有获得赔偿的权利的，有权向用人单位提出赔偿要求。

(7)职工患职业病后的一次性处理规定。

职工患病后，应当先行治疗，然后进行职业病的诊断和鉴定。如果职工按照《职业病防治法》规定被诊断、鉴定为职业病，必须向劳动保障行政部门提出工伤认定申请，由劳动保障行政部门做出工伤认定。如果职工经治疗伤情相对稳定后存在残疾、影响劳动能力的，还应当进行劳动能力鉴定。最后职工才可按照《工伤保险条例》规定的标准享受工伤保险待遇。

以上程序是职工患职业病后享受工伤待遇所必需的，是切实保障职工合法权益的基础。但在实际生活中，一些用人单位和职工由于不懂工伤法律或者怕麻烦、图省事，在职工患病后就直接约定进行一次性工伤补助，这种做法是不可取的。当然，如果工伤职工愿意，待治愈或病情稳定做出工伤伤残等级鉴定后，可参照有关工伤的规定依法与企业达成一次性领取工伤待遇的相关协议。

(8)治疗职业病的有关费用支付。

首先应当明确的是，检查、治疗、诊断职业病的，劳动者本人不承担相关费用。这些费用依照规定，应当由用人单位负担或者从工伤保险基金中支付。

①职业健康检查费用由用人单位承担。

②救治急性职业病危害的劳动者，或者进行健康检查和医学观察，所需费用由用人单位承担。

③职业病诊断鉴定费用由用人单位承担。

④因职业病进行劳动能力鉴定的，鉴定费从工伤保险基金中支付。

⑤因职业病需要治疗的，相关费用按照工伤的规定处理。

还需要说明的是，不管是职业病还是其他原因发生的工伤，都必须进行彻底的治疗，相关的费用不管花了多少，都应当依法予以报销，即“工伤索赔上不封顶”。

(9)劳动者在职业病防治中须承担的义务。

①认真接受用人单位的职业卫生培训，努力学习和掌握必要的职业卫生知识。

②遵守职业卫生法规、制度、操作规程。

③正确使用与维护职业危害防护设备及个人防护用品。

④及时报告事故隐患。

⑤积极配合上岗前、在岗期间和离岗时的职业健康检查。

⑥如实提供职业病诊断、鉴定所需的有关资料等。

重点：熟知职业安全卫生警示标志，禁止不安全的操作行为，正确使用个人防护用品。

(10)建筑企业常见职业病及预防控制措施。

①接触各种粉尘引起的尘肺病预防控制措施。

作业场所防护措施：加强水泥等易扬尘的材料的存放处、使用处的扬尘防护，任何人不得随意拆除，在易扬尘部位设置警示标志。

个人防护措施：落实相关岗位的持证上岗，给施工作业人员提供扬尘防护口罩，杜绝施工操作人员的超时工作。

②电焊工尘肺、眼病的预防控制措施。

作业场所防护措施：为电焊工提供通风良好的操作空间。

个人防护措施：电焊工必须持证上岗，作业时佩戴有害气体防护口罩、眼睛防护罩，杜绝违章作业，采取轮流作业，杜绝施工操作人员的超时工作。

③直接操作振动机械引起的手臂振动病的预防控制措施。

作业场所防护措施:在作业区设置预防职业病警示标志。

个人防护措施:机械操作工要持证上岗,提供振动机械防护手套,延长换班休息时间,杜绝作业人员的超时工作。

④油漆工、粉刷工接触有机材料散发不良气体引起的中毒预防控制措施。

作业场所防护措施:加强作业区的通风排气措施。

个人防护措施:相关工种持证上岗,给作业人员提供防护口罩,轮流作业,杜绝作业人员的超时工作。

⑤接触噪声引起的职业性耳聋的预防控制措施。

作业场所防护措施:在作业区设置防职业病警示标志,对噪声大的机械加强日常保养和维护,减少噪声污染。

个人防护措施:为施工操作人员提供劳动防护耳塞轮流作业,杜绝施工操作人员的超时工作。

⑥长期超时、超强度地工作,精神长期过度紧张所造成相应职业病的预防控制措施。

作业场所防护措施:提高机械化施工程度,减小工人劳动强度,为职工提供良好的生活、休息、娱乐场所,加强施工现场文明施工。

个人防护措施:不盲目抢工期,即使抢工期也必须安排充足的人员能够按时换班作业,采取8h作业换班制度,及时发放工人工资,稳定工人情绪。

⑦高温中暑的预防控制措施。

作业场所防护措施:在高温期间,为职工备足饮用水或绿豆汤、防中暑药品、器材。

个人防护措施:减少工人工作时间,尤其是延长中午休息时间。

提示:工作场所自觉做好个人安全防护。

四、工地施工现场急救知识

施工现场急救基本常识主要包括应急救援基本常识、触电急救知识、创伤救护知识、火灾急救知识、中毒及中暑急救知识以及传染病急救措施等,了解并掌握这些现场急救基本常识,是做好安全工作的一项重要内容。

1. 应急救援基本常识

(1)施工企业应建立企业级重大事故应急救援体系,以及重大事故救援预案。

(2)施工项目应建立项目重大事故应急救援体系,以及重大事故救援预案;在实行施工总承包时,应以总承包单位事故预案为主,各分包队伍也应有各自的事故救援预案。

(3)重大事故的应急救援人员应经过专门的培训,事故的应急救援必须有组织、有计划地进行;严禁在未清楚事故情况下,盲目救援,以免造成更大的伤害。

(4)事故应急救援的基本任务:

①立即组织营救受害人员,组织撤离或者采取其他措施保护危害区域内的其他人员。

②迅速控制事态,并对事故造成的危害进行检测、监测,测定事故的危害区域、危害性质及危害程度。

③消除危害后果,做好现场恢复。

④查清事故原因,评估危害程度。

2. 触电急救知识

触电者的生命能否获救,在绝大多数情况下取决于能否迅速脱离电源和正确地实行人工呼吸和心脏按摩。拖延时间、动作迟缓或救护不当，都可能造成人员伤亡。

(1)脱离电源的方法。

①发生触电事故时，附近有电源开关和电流插销的，可立即将电源开关断开或拔出插销；但普通开关（如拉线开关、单极按钮开关等）只能断一根线，有时不一定关断的是相线，所以不能认为是切断了电源。

②当有电的电线触及人体引起触电，不能采用其他方法脱离电源时，可用绝缘的物体（如干燥的木棒、竹竿、绝缘手套等）将电线移开，使人体脱离电源。

③必要时可用绝缘工具（如带绝缘柄的电工钳、木柄斧头等）切断电线，以切断电源。

④应防止人体脱离电源后造成的二次伤害，如高处坠落、摔伤等。

⑤对于高压触电，应立即通知有关部门停电。

⑥高压断电时，应戴上绝缘手套，穿上绝缘鞋，用相应电压等级的绝缘工具切断开关。

(2)紧急救护基本常识。

根据触电者的情况，进行简单的诊断，并分别处理：

①病人神志清醒，但感到乏力、头昏、心悸、出冷汗，甚至有恶心或呕吐症状。此类病人应使其就地安静休息，减轻心脏负担，加快恢复；情况严重时，应立即小心送往医院检查治疗。

②病人呼吸、心跳尚存在，但神志昏迷。此时，应将病人仰卧，周围空气要流通，并注意保暖；除了要严密观察外，还要做好人工呼吸和心脏挤压的准备工作。

③如经检查发现，病人处于“假死”状态，则应立即针对不同类型的“假死”进行对症处理：如果呼吸停止，应用口对口的人工呼吸法来维持气体交换；如心脏停止跳动，应用体外人工心脏挤

压法来维持血液循环。

a. 口对口人工呼吸法：病人仰卧、松开衣物⟶清理病人口腔阻塞物⟶病人鼻孔朝天、头后仰⟶捏住病人鼻子贴嘴吹气⟶放开嘴鼻换气，如此反复进行，每分钟吹气 12 次，即每 5s 吹气 1 次。

b. 体外心脏挤压法：病人仰卧硬板上⟶抢救者用手掌对病人胸口凹膛⟶掌根用力向下压⟶慢慢向下⟶突然放开，连续操作，每分钟进行 60 次，即每秒一次。

c. 有时病人心跳、呼吸停止，而急救者只有一人时，必须同时进行口对口人工呼吸和体外心脏挤压，此时，可先吹两次气，立即进行挤压 15 次，然后再吹两次气，再挤压，反复交替进行。

3. 创伤救护知识

创伤分为开放性创伤和闭合性创伤。开放性创伤是指皮肤或黏膜的破损，常见的有：擦伤、切割伤、撕裂伤、刺伤、撕脱、烧伤；闭合性创伤是指人体内部组织损伤，而皮肤黏膜没有破损，常见的有：挫伤、挤压伤。

(1)开放性创伤的处理。

①对伤口进行清洗消毒可用生理盐水和酒精棉球，将伤口和周围皮肤上沾染的泥沙、污物等清理干净，并用干净的纱布吸收水分及渗血，再用酒精等药物进行初步消毒。在没有消毒条件的情况下，可用清洁水冲洗伤口，最好用流动的自来水冲洗，然后用干净的布或敷料吸干伤口。

②止血。对于出血不止的伤口，能否做到及时有效地止血，对伤员的生命安危影响较大。在现场处理时，应根据出血类型和部位不同采用不同的止血方法：直接压迫——将手掌通过敷

料直接加压在身体表面的开放性伤口的整个区域；抬高肢体——对于手、臂、腿部严重出血的开放性伤口都应抬高，使受伤肢体高于心脏水平线；压迫供血动脉——手臂和腿部伤口的严重出血，如果应用直接压迫和抬高肢体仍不能止血，就需要采用压迫点止血技术；包扎——使用绷带、毛巾、布块等材料压迫止血，保护伤口，减轻疼痛。

③烧伤的急救。应先去除烧伤源，将伤员尽快转移到空气流通的地方，用较干净的衣服把伤面包裹起来，防止再次污染；在现场，除了化学烧伤可用大量流动清水冲洗外，对创面一般不做处理，尽量不弄破水泡，保护表皮。

(2)闭合性创伤的处理。

①较轻的闭合性创伤，如局部挫伤、皮下出血，可在受伤部位进行冷敷，以防止组织继续肿胀，减少皮下出血。

②如发现人员从高处坠落或摔伤等意外时，要仔细检查其头部、颈部、胸部、腹部、四肢、背部和脊椎，看看是否有肿胀、青紫、局部压疼、骨摩擦声等其他内部损伤。假如出现上述情况，不能对患者随意搬动，需按照正确的搬运方法进行搬运；否则，可能造成患者神经、血管损伤并加重病情。

现场常用的搬运方法有：担架搬运法——用担架搬运时，要使伤员头部向后，以便后面抬担架的人可随时观察其变化；单人徒手搬运法——轻伤者可扶着走，重伤者可让其伏在急救者背上，双手绕颈交叉垂下，急救者用双手自伤员大腿下抱住伤员大腿。

③如怀疑有内伤，应尽早使伤员得到医疗处理；运送伤员时要采取卧位，小心搬运，注意保持呼吸道畅通，注意防止休克。

④运送过程中，如突然出现呼吸、心跳骤停时，应立即进行

人工呼吸和体外心脏挤压法等急救措施。

4. 火灾急救知识

一般地说,起火要有三个条件,即可燃物(木材、汽油等)、助燃物(氧气等)和点火源(明火、烟火、电焊花等)。扑灭初起火灾的一切措施,都是为了破坏已经产生的燃烧条件。

(1)火灾急救的基本要点。

施工现场应有经过训练的义务消防队,发生火灾时,应由义务消防队急救,其他人员应迅速撤离。

①及时报警,组织扑救。全体员工在任何时间、地点,一旦发现起火都要立即报警,并在确保安全前提下参与和组织群众扑灭火灾。

②集中力量,主要利用灭火器材,控制火势,集中灭火力量在火势蔓延的主要方向进行扑救,以控制火势蔓延。

③消灭飞火,组织人力监视火场周围的建筑物、露天物资堆放场所的未尽飞火,并及时扑灭。

④疏散物资,安排人力和设备,将受到火势威胁的物资转移到安全地带,阻止火势蔓延。

⑤积极抢救被困人员。人员集中的场所发生火灾,要有熟悉情况的人做向导,积极寻找和抢救被困的人员。

(2)火灾急救的基本方法。

①先控制,后消灭。对于不可能立即扑灭的火灾,要先控制火势,具备灭火条件时再展开全面进攻,一举消灭。

②救人重于救火。灭火的目的是为了打开救人通道,使被困的人员得到救援。

③先重点,后一般。重要物资和一般物资相比,先保护和抢救重要物资;火势蔓延猛烈方面和其他方面相比,控制火势蔓延

的方面是重点。

④正确使用灭火器材。水是最常用的灭火剂，取用方便，资源丰富，但要注意水不能用于扑救带电设备的火灾。各种灭火器的用途和使用方法如下：

酸碱灭火器：倒过来稍加摇动或打开开关，药剂喷出。适用于扑救油类火灾。

泡沫灭火器：把灭火器筒身倒过来，打开保险销，把喷管口对准火源，拉出拉环，即可喷出。适合于扑救木材、棉花、纸张等火灾，不能扑救电气、油类火灾。

二氧化碳灭火器：一手拿好喇叭筒对准火源，另一手打开开关既可。适合于扑救贵重仪器和设备，不能扑救金属钾、钠、镁、铝等物质的火灾。

干粉灭火器：打开保险销，把喷管口对准火源，拉出拉环，即可喷出。适用于扑救石油产品、油漆、有机溶剂和电气设备等火灾。

⑤人员撤离火场途中被浓烟围困时，应采取低姿势行走或匍匐穿过浓烟，有条件时可用湿毛巾等捂住嘴鼻，以便顺利撤出烟雾区；如无法进行逃生，可向建筑物外伸出衣物或抛出小物件，发出求救信号引起注意。

⑥进行物资疏散时应将参加疏散的员工编成组，指定负责人首先疏散通道，其次疏散物资，疏散的物资应堆放在上风向的安全地带，不得堵塞通道，并要派人看护。

5. 中毒及中暑急救知识

施工现场发生的中毒主要有食物中毒、燃气中毒及毒气中毒；中暑是指人员因处于高温高热的环境而引起的疾病。

(1)食物中毒的救护。

①发现饭后有多人呕吐、腹泻等不正常症状时，尽量让病人大量饮水，刺激喉部使其呕吐。

②立即将病人送往就近医院或打120急救电话。

③及时报告工地负责人和当地卫生防疫部门，并保留剩余食品以备检验。

(2)燃气中毒的救护。

①发现有人煤气中毒时，要迅速打开门窗，使空气流通。

②将中毒者转移到室外实行现场急救。

③立即拔打120急救电话或将中毒者送往就近医院。

④及时报告有关负责人。

(3)毒气中毒的救护。

①在井(地)下施工中有人发生毒气中毒时，井(地)上人员绝对不要盲目下去救助；必须先向出事点送风，救助人员装备齐全安全保护用具，才能下去救人。

②立即报告工地负责人及有关部门，现场不具备抢救条件时，应及时拔打110或120电话求救。

(4)中暑的救护。

①迅速转移。将中暑者迅速转移至阴凉通风的地方，解开衣服，脱掉鞋子，让其平卧，头部不要垫高。

②降温。用凉水或50%酒精擦其全身，直到皮肤发红、血管扩张以促进散热。

③补充水分和无机盐类。能饮水的患者应鼓励其喝足量盐开水或其他饮料，不能饮水者，应予静脉补液。

④及时处理呼吸、循环衰竭。呼吸衰竭时，可注射尼可刹明或山梗茶碱；循环衰竭时，可注射鲁明那钠等镇静药。

⑤医疗条件不完善时，应对患者严密观察，精心护理，送往附近医院进行抢救。

6. 传染病急救措施

由于施工现场的人员较多，如果控制不当，容易造成集体感染传染病。因此需要采取正确的措施加以处理，防止大面积人员感染传染病。

(1)如发现员工有集体发烧、咳嗽等不良症状，应立即报告现场负责人和有关主管部门，对患者进行隔离加以控制，同时启动应急救援方案。

(2)立即把患者送往医院进行诊治，陪同人员必须做好防护隔离措施。

(3)对可能出现病因的场所进行隔离、消毒，严格控制疾病的再次传播。

(4)加强现场员工的教育和管理，落实各级责任制，严格履行员工进出现场登记手续，做好病情的监测工作。

参考文献

[1] 中华人民共和国住房和城乡建设部. 混凝土泵送施工技术规程：JGJ / T 10－S2011 [S]. 北京：中国建筑工业出版社，2011.

[2] 建设部干部学院. 混凝土工. [M]. 武汉：华中科技大学出版社，2009.

[3] 建筑工人职业技能培训教材编委会. 混凝土工(第二版)[M]. 北京：中国建筑工业出版社，2015.

[4] 中华人民共和国住房和城乡建设部. 混凝土结构工程施工质量验收规范：GB 50204－2015 [S]. 北京：中国建筑工业出版社，2015.

[5] 中华人民共和国住房和城乡建设部. 大体积混凝土施工规范：GB 50496－2009 [S]. 北京：中国建筑工业出版社，2009.

[6] 中华人民共和国住房和城乡建设部. 混凝土结构工程施工规范：GB 50666－2011 [S]. 北京：中国建筑工业出版社，2011.

[7] 中华人民共和国住房和城乡建设部. 建筑施工安全技术统一规范：GB 50870－2013 [S]. 北京：中国建筑工业出版社，2014.

[8] 建设部人事教育司. 混凝土工[M]. 北京：中国建筑工业出版社，2002.